半路叛逃

APP遊戲製作人的1000日告白

鄭暐橋（半路）著

推薦序：只因為，他想要做遊戲！

「我已經決定這輩子要成為遊戲設計師！」

這句聲調淡定，但語意堅定的一句話，是在我與半路第一次見面時，親耳從他口中聽到的，現在依然在我腦中迴盪著。

半路成為獨立遊戲開發者身分之後所參與開發的第一款游戲App《Bonnie's Brunch》，遊戲品質相當優異，讓我們剛開始還以為這是一款歐美國家所開發的遊戲。後來在知道這是台灣開發團隊所開發的作品之後，我們所經營的GameApe網站編輯團隊決定去採訪他們，並且完成了一篇精采的報導（有興趣的讀者可以參考http://goo.gl/LNKP7）。

在正式採訪之前，我約了半路先見一面，希望能事先大致了解開發團隊的組成概況以及相關事項，以便作為正式採訪的內容安排。初次見到半路，感覺他是一位標準宅男，有些靦腆，不擅言辭。但後來發現我完全被騙了，大概是因為還不熟悉，所以沒有露出本性吧（其實本性也是很善良的啦XDD）。那天和半路聊了大約一個小時，讓我至今不忘的只有一句話：「我已經決定這輩子要成為遊戲設計師！」。哇，眼前這位年輕人真是好樣的，居然用了「這輩子」三個字！那股堅定和熱誠，燙到了我。

所以，當我在Facebook成立了公益性質的社團「台灣遊戲App開發者社群」（http://goo.gl/EJguX，目前成員超過一千人），2011年10月舉辦第一次主題分享的聚會時，我想到了半路，邀請他來分享一場

名為「為什麼你不該離職創業搞APP」的演講（這個提醒大家要三思而行的講題是半路自己定的），結果把20人的場地擠爆，來了45人。2012年8月份的聚會，我再次邀請他來分享『半路叛逃：遊戲APP魔藥學』這個主題，結果還是一樣，現場來了超過100人，擠爆現場，而且喝采不斷。唯一讓人感到遺憾的是時間有限，不能讓他多分享一些，讓大家多聽一些。

如今，半路出版了這本忠實記錄這幾年來遊戲開發心路歷程的書，就像是做一場不受限於時間的經驗分享會，可以暢所欲言盡情分享，相信對所有已經投入或想要投入遊戲開發行列的人（尤其是同樣走獨立遊戲開發路線者），是非常有參考價值的。半路用誠實的態度，透過生動的文字，為這本書提供很好的知識分享與閱讀樂趣，對一本講遊戲設計的書籍來說，這並不容易。

半路一開始就提到：「自己成為遊戲公司中的叛逃者，並不是因為媒體報導APP產業正火，也不是因為接受了天使投資人的靈氣加持，而只是為了一個再單純不過的理由：我想要做遊戲。」

我覺得這是所有好遊戲之所以會成為好遊戲的第一件重要的事情。如果你也想做遊戲，新誕生的行動遊戲App生態圈，真的是你前所未有的好機會。儘管遊戲行銷推廣會是一個大議題（哪個時期不是這樣？），但是遊戲發展歷史中從來沒有出現像現在一樣，可以包容如此眾多不同形態遊戲的產業生態圈；遊戲發行全世界可以在一個設定動作中完成；iOS平台更能讓你輕鬆收到全世界玩家的錢（不管是台

幣、美金、日幣、歐元、人民幣、韓元、澳幣...）；你不必擔心發行通路，不必憂心沒有發行商願意發行你的遊戲，不必費心於金流系統，你只要專心做好遊戲就可以！這是前所未有的事情，更是獨立遊戲開發者前所未有的機會。如果你的心中也有一股「我想要做遊戲」的火種，看完半路的這本書，再三思考清楚，現在極可能正是Your Finest Hour！

　　我和半路還沒有很熟（等他願意告訴我他是如何把到比他優質十倍的女朋友，並把她娶回家當老婆之後，我們就算熟了），但是從許多次的見面聊天以及演講分享，我可以肯定他是一位對遊戲充滿熱情，為人誠懇的有為青年（握拳），我甚至認為他未來會成為台灣遊戲產業界的重量級人物之一。結果如何，讓我們一起繼續看下去。

　　「我希望...還能夠做點什麼的時候，跳脫既有的社會價值框架，親身體驗一場華麗精彩的大冒險。」現在，就和半路一起來經歷這場他三年來的華麗精彩大冒險吧！

徐人強

電腦玩家雜誌 / 遊戲基地網站 創辦人

現任 數位原力公司創辦人暨CEO

推薦序：關於偉大航道上的故事

　　第一次和半路談話，是在2011年年初某個遊戲產業同業的聚會。當時我剛離開做了七年的工作，擺脫工作上的一切讓自己放空。雖然說早在這之前透過半路的部落格就已經有過文字上的交談，不過文字上的意見交流和面對面的交談還是不同的，當時半路給我的感覺是「他很有自己的想法」。

　　很多遊戲公司的同業，都有「這不是我想做的遊戲」這樣的想法。有些人會調整自己的心態，讓自己可以繼續工作下去；有的人則會考慮離開，去做自己認為想要做的事。不過想是一回事，真正鼓起勇氣離開上班族的生涯、脫離有穩定薪水的工作卻不是每個人都能做到的。而脫離了上班族的生活後，是否真的能夠做自己想做的事，就要看每個人是否能有想法、有毅力去朝向自己的目標前進。

　　作為獨立遊戲開發者，脫離了公司的束縛，個人的自制力是很重要的。筆者也曾經有過10年SOHO生活，很清楚一個人從上班族的生活解放後心態上的改變。在半路的書中，就寫著他是如何度過這一段從放縱到重新找回生活節奏的日子。這心態上的改變，代表著他已經是個成熟的獨立遊戲開發者，瞭解如何去運用自己擁有的時間，發揮最大的作用。

　　半路從他決定要踏上這獨立遊戲開發之路，就開始培養自己的實力，並且找尋一起合作的夥伴。在本書中，我們可以看到半路是如何的規劃、如何的安排，然後照著這個計畫一步一步的實行。當然在這個過程中也不是一帆風順，但是半路會定期的回顧自己之前所做的

事，從這些經驗中成長，而這也是個成功的遊戲創作者必備的行為。

　　許多人脫離公司，懷抱著夢想投入App產業。在這些人當中，半路或許不算是最成功的一位，專案本身的收入遠不及許多人所預測，但《邦妮的早午餐》讓半路以及合作的樂風創意視覺獲得了許多掌聲以及鎂光燈包圍。不過半路並沒有被這名氣所改變，他還是一樣不吝分享。對於演講的邀約盡量配合，將他個人的知識、經驗傳達給每一個他能夠接觸到的人。

　　個人非常欣賞半路那勇敢、不吝分享以及正面思考的生活態度。從他的身上銀狐看到了許多自己做不到，或是沒有勇氣去做的事。因此當半路邀請我為他的這本書來撰寫推薦序的時候，個人是覺得非常榮幸的。半路這段時間的經歷，對於想要投身App產業或是獨立遊戲開發的人都很有幫助，某些血淋淋的教訓在半路輕鬆且正面思考的文字描述下就像只是一篇篇有趣的故事。

　　想要踏上這條偉大航道的年輕海盜們，本書應該可以帶給各位許多幫助的。

銀狐·蔡承澔

資深遊戲製作人

推薦序：流浪工作者，孤獨的里程碑

每個人若是孤島；自從這句話流行起來，
我常在想，那每個行業之間是不是呢。

做工的孤獨。寫字譜曲的孤獨。舞蹈中身體的孤獨。
辦公桌前的孤獨。拉拔新生命的孤獨。
廚房裡的孤獨。

孤獨沒有美或不美可言。
承載著孤獨的人們，
他們的消化，手法與承受的姿態，也許。

因此我們心裡還是多麼害怕孤獨被感覺得太清楚的時候，
但再三地，被孤獨的人們震撼或感動。

孤獨讓作者寫了一本真切而不氾濫感情的書。
字句實在而細膩，它透露了一個工作的，
沒有貼金燙銀的里程碑。
讓我再說一次孤獨；
孤獨是作者里程碑的厚實石紋。

恭喜你，親愛的作者。
歡迎你的孤獨快快再出現。

張懸
創作歌手

自序：不存在的創業者

「你沒有創業者的覺悟。」他像是看穿了我似地，淡定地說。

「什麼意思？何謂『創業者的覺悟』？」我大惑不解地問道。

他沒有回答，默默地轉身離去。望著他漸行漸遠的背影，我卻發不出半點聲音。

我從來沒有具體思考過「創業」這回事。即使從前曾讀過不少企業經營與管理的書籍，但我非常清楚，創業是一件遙不可及的夢想。特別在我所處的「遊戲產業」裡，若想研發市場主流的線上遊戲，至少需籌組一支20人以上的團隊，投入一至兩年的開發時程，才能有機會見到遊戲作品誕生的曙光。任何稍具會計成本概念的人都可以計算出，即使手中握有1000萬的資金，可能也支撐不過一年的時間。

除了金錢因素以外，我既沒有人脈與伙伴，也不懂得市場及行銷的方法。唯一能夠憑藉的，是自己那不知是否可靠的技術能力。以前在學校念的是資訊工程系，我的專業能力是程式設計，特別是專注在遊戲領域上的程式設計，所以在進入遊戲公司後，理所當然擔任的是「遊戲程式設計師」的職務。

前後在兩間遊戲公司工作滿六年後，我選擇從公司體制中叛逃，踏上這條前景不明的獨立遊戲開發之路。成為遊戲公司中的叛逃者，並不是因為媒體報導「APP產業正火」，也不是因為接受了「天使投資人」的靈氣加持，而只是為了一個單純的理由：我想要做遊戲。

「難道在公司裡不是在做遊戲嗎？」我想做自己真正想做的遊戲，做一款真正會讓自己感到自豪的好遊戲，讓全世界看到來自台灣的優秀遊戲作品。我希望在自己還沒有沈重的家庭負擔，還能夠做點什麼的時候，跳脫既有的社會價值框架，親身體驗一場華麗精彩的大冒險。這是我最初的想法。

有些朋友知道我的決定後，除了讚許我勇於離開公司的氣魄以外，也給予我許多的建議與忠告；例如，有人建議我先想辦法找人投資，有人質疑我沒有帶領團隊的經驗，有人認為要提升開發效率並擴增產線，有人說應該以很短的時間做出多款作品。沒錯，若以「建立事業」這個目的來說，這些建議都有其道理，但這是我真正想要的嗎？

我確實希望我的遊戲作品能獲得玩家的肯定，賺到豐厚的收入，但我不想為了賺錢而捨棄製作遊戲的初心，更不願為了成功而變成連自己都不喜歡的模樣。很多時候，獨立遊戲開發者像是個「無可救藥的浪漫主義者」，試圖想要改變些什麼、證明些什麼或表達些什麼，於是義無反顧，縱身跳下萬丈深谷。

我曾對我的伙伴說：「如果可以選擇的話，我希望能專心致力地做好一件事情。」只要做好一件事就好。可惜世事總難盡如人意，在這段「稱不上創業的旅程」裡，我不停地周旋在找伙伴、談合作、做遊戲、學校演講、兼任教課、認識新朋友，以及自己的人生大事之間，像極了轉個不停的陀螺，沒有停下腳步的一天。

「為何不能斷然捨棄某些事物？」在這個轉瞬即逝的短暫人生中，如果說我真的體會了些什麼道理的話，我想該是「永遠不要以為自己能有第二次機會」。沒有機會時，全力備戰；機會來臨時，戮力以赴。這是你的第一次機會；同時非常有可能是你的最後一次機會。

不要以為自己總有第二次機會，所以當我看見契機來臨時，我會告訴自己務必要確實地掌握住它。但也是因為我所做過的這些選擇，使我屢次遭遇重大的挫折與困境，以及更多分歧道路與矛盾衝突。在這段過程中，心理上的苦痛，遠超出從前面對失敗時的拉扯撕裂，每每失落沮喪至近乎燃燒殆盡的狀態，最終再從絕望的灰燼中重生。

最近幾年來，台灣的網路創業風氣興起，在報章媒體上見到許多年輕創業者的故事，每個人的頭銜都是創辦人或執行長。他們那些光鮮亮麗的模樣與意氣風發的談話，不禁令人心嚮往之，亟欲成為他們的追隨者。這般熱絡的創業氛圍，或許有助於進一步改善台灣的創業環境，所以我也相當關注各種新創事業的發展模式與相關議題。但我從來不將自己視為一名「創業者」，更不是頭上戴著七彩光環的「成功創業家」。

人生就像一場「角色扮演遊戲」，旅途中我們不會永遠扮演相同的角色職業，而是會在不同的時空裡，依據不同的客觀情勢與主觀意識，「轉職」成不同的角色。有時候，我們甚至會同時扮演多名不同的角色。從前在遊戲公司上班時，我的身分是「遊戲程式設計者」；架設個人部落格後，成為一位「部落格寫作者」；接著又搖身一變成

為「獨立遊戲開發者」。

　這場「APP遊戲叛逃之旅」中，我是一名「藥水師」，專門調製各式各樣充滿精彩樂趣的遊戲配方；我是一位「故事家」，試圖用時而溫熱時而冷峻的文字筆觸，刻畫出一路上經歷過的點滴心得；也是一個「長跑者」，心甘情願地將青春歲月投注在遊戲之路上，緩慢而堅定地向前跑。

　在這本書裡，我不會講述創業成功者的教條訓示，我不是滿口熱血夢想無上限的傳教者，更不保證每個故事最終都有個幸福美好的結局，但我可以毫無保留地說，這本書的所有內容，都是誠實無虛的人生故事。不論你目前扮演的角色為何，請隨我一同進入這場真實人生的冒險探索之旅吧！

半路　鄭暐橋

目錄

Contents

半路
能力：真話自白劍。

鬼面
能力：絕情警世棒。

忍者
能力：技巧透視眼。

歌舞伎
能力：看破修羅舞。

苦行僧
能力：自我成長藥。

劍客
能力：披荊斬棘刀。

第一關 離開大公司

苦行僧：「傳統即將崩壞，在還有能力脫身之前，我必須離開。」

1-1 寂寞星球上的孤獨叛逃

> 在這裡，在此刻，我們還能夠相信自己有不顧一切付出的勇氣嗎？能夠毫無保留的愛上一個人嗎？能夠去追尋那個純真年代的異次元嗎？故事，就將從這個問題之後毫無保留的展開。

　　我出生在西元1980年，民國69年，一般人所謂的「六年級後段班」世代。1980年前後出生的我們，誕生在一個荒誕而奇異的年代。

　　1980往前二十年，是經歷過經濟起飛時期的父母長輩；1980向後二十年，是成長於物質與資訊不虞匱乏時期的年輕後輩。1980年的前後，正好處於六年級生後段班，與七年級生前段班交界點。我們這一掛，現在還不是社會上的中堅份子，但也不是媒體形塑的爛草莓。

　　在上一代長輩眼裡，我們被視為過度早熟的孩子，不論是知識、資訊或自我意識，所有的事物都接觸得太早也來得太快。事實上，我們都是晚熟的大孩子。大學的錄取率逐年攀高，新鮮人的起薪停滯不前，工作機會越來越少，在畢業幾乎等同於失業的狀況下，不論是有意或者意料之外的延畢，再加上就讀研究所的時間，都拉長了校園生活的時期，也延後了正式踏入社會上班工作的年齡。由於比較晚踏入社會的緣故，所以在心理狀態上，自然呈現出與實際年齡不成正比的晚熟程度。

屬於1980世代的我們，或許正面臨也或者剛站上30歲這道巨大的關卡。在一般的社會價值觀裡，經常會將30歲視為人生中一個非常重要的分水嶺，也使我們難以避免地沾染上了30歲特有的焦慮症候群。

> 工作有沒有發展性？有沒有機會調薪或者升職？
> 是不是應該考慮跳槽轉換跑道？或者重回學校進修拼學位？
> 何時才能存到人生第一桶金？房子車子貸款還有多少要付？
> 找不到理想的對象怎麼辦？

是不是所有的這些焦慮，只要跨過了三十歲之後，就能夠煙消雲散而一筆勾消？三十而立的「立」，在我們的眼裡指的究竟是家庭、事業，或其他的選項呢？

生活在鐵灰色的繁華都市裡，望著猶如牢籠卻高不可攀的房價聲聲嘆息。好不容易，存到了購屋的頭期款，選擇多花費一些通勤時間換來更舒適的居住空間與較低的房價負擔，但在簽下貸款契約的同時，我們也簽下了一份為期20年的債務合約。在貸款清償完畢前，我們只是房屋的使用者而非擁有者。

一路走來，我們經歷了許多全新的開始與結束。不知何時開始，開始聽見成功人士鼓吹著「工作責任制」的好處，工作時間不再是朝九晚五的固定時間，他們說能力越強的人，就可以得到更高的報償以及更多的自由。但所謂的工作責任制的真相，其實不過是「上班打卡制，下班責任制」罷了。

　　報章媒體與電視廣告，熱烈渲染著快速致富與迅速成功的招式伎倆，奮力鼓吹著保險、理財與退休規劃的種種優點，彷彿在警告我們，如果現在不去買些保險基金股票或者債券，年老後就只能夠躺在病床上呻吟沒人理會。於是有人開始嚮往著「退休」的遠景，可以遠離喧囂的城市去鄉下開設民宿、種植有機蔬菜，多麼令人神往啊！但是那個可以用紅筆將「工作」這件事劃掉的日子，到底還要等待二十、三十還是四十年後才會到來？

　　於是，我們開始不敢輕易觸怒上司，不敢輕言離職轉業，只能看著漫畫故事，幻想自己是敢於冒險犯難的「海賊王」。不知不覺中，我們都成了自願被豢養的狐狸。

　　因此，我們花費在工作上的時間越來越多，身處辦公室的時間比在家裡的時間更多，留給自己的生活時間卻越來越稀少，只是不斷地被身上背負的貸款與工作推著向前走。

　　同時在這個娛樂媒介多到滿溢出來的年代裡，只需要花費少許的金錢，就能夠輕易取得看不完的漫畫、動畫、影集，以及玩不完的遊戲與APP；但是，我們真的有因為這些東西的存在而過得比較無憂無慮，或者比較快樂滿足嗎？以遊戲玩家來說，有許多人都會懷念從前紅白機時代那種單純簡樸的遊戲，但到底我們懷念的是那些遊戲中的簡單畫面與樂趣，還是在懷念那個已經回不來的純真年代？為什麼在我們的人生正值25至35歲的黃金年華時，卻已開始緬懷起從前的樂趣與夢想？

　　我並不認為所有的人皆天生生而平等，有些人含著銀湯匙出生，有

些人的「天賦技能點數」分配絕妙；也有些人從小無法得到家庭的溫暖，更有些人天生就有著身體上的缺陷；然而大部分的人，都是處於中間位置的平凡角色，只是偶爾認真偶爾逃避地掙扎著過日子。唯有「時間」對待每個人公平公正，不論「選擇」或「不選擇」，它同樣平靜無聲地流去。

我們所擁有的選項與自由度，是前所未見的多元、寬廣而且混亂。由於父母過度的保護與期望，反而延遲了我們自己做出選擇與承擔後果的時間。因而越加延後了學習的時間、延後了社會化的時間、延後了組成家庭的時間，甚至延後了退休的時間。如果這就是我們的星球和我們的年代，那麼能不能讓我們放手追尋夢想的時間，也跟著向前延伸？

「你無法成為自己不相信的那種人。」我非常敬佩那些堅持著自己的理想，並且能夠做出實際成果的人。無法真心讚賞他人夢想的人，自己同樣很難達成任何的夢想，因為你並不真的相信做得到。

現在試著靜下心來，問問自己：「你有多久沒有用盡一切力氣、不計較成敗的去做一件事情了呢？」

無論你屬於哪個世代，請和我一齊暫時放下肩上的重擔，來場義無反顧的叛逃吧！

在這個寂寞又孤獨的星球裡，你可以選擇背叛社會價值觀的框架，也可以選擇逃離公司企業的體制。最終，我們或許不會成為螢光幕前人見人愛的大明星，但我相信絕對能成為自己生命中的最佳主角。

1-2 走過崩壞的遊戲業螺旋

> "「比起玩遊戲，如果可以做遊戲不是更棒嗎？」
> 「而既然要做遊戲，我想做自己真心喜歡的遊戲！」"

我們這一世代的年輕人，大多數曾走過那段國產單機遊戲輝煌燦爛的黃金時期。雖然我從小玩的遊戲作品，多以大型機台的格鬥遊戲以及日本的遊樂器主機遊戲為主，但我也親身領教過《仙劍奇俠傳》與《軒轅劍》等知名武俠遊戲的瘋狂熱潮。

當時我只是個從國小畢業，才剛踏入國中生活的中學生，幾經詢問後概略知道「做遊戲」和「寫程式」有關，然後到書店翻閱幾本關於高中聯考填寫志願的書籍，大致瞭解「資訊工程系」是可以學習撰寫程式的科系，於是立下志向，告訴自己將來必定要成為一位「做遊戲的人」。

九０年代裡，個人電腦仍屬於昂貴的奢侈品，在一般家庭中，並不會有個人電腦可讓我們玩電腦遊戲。於是就在俗稱為「電動間」的電玩機台小店裡，出現了「投幣式個人電腦」的裝置；每投入10塊錢，可以使用20分鐘的電腦。時間等同於金錢，彌足珍貴。而當時，幾乎所有電腦螢幕上全都是《仙劍奇俠傳》的畫面。國產遊戲的盛世之治，可見一斑。

物換星移，時間來到九０年末之後，一切都改變了。

街角小吃店的寓言

從前，在一個寧靜祥和的小鎮上，最繁華熱鬧的街口有三間賣吃的小店，分別販賣著自家的拿手料理：咖哩飯、麻醬麵和生魚片壽司。因為食物美味又不昂貴，三間小店總是有著絡繹不絕的客人。

直到某一年，景氣突然變差了，上門的客人日益減少。這時候，街口的另一角開設了一間新的小吃店，賣的是韓式烤肉飯。一開始，咖哩飯館、麻醬麵店和壽司店的老闆們，心裡想著：「鎮上的人吃不慣那種口味，根本就不需要擔心。」

沒想到，才一陣子的時間，情勢已然倒轉。每到用餐的時間，韓式烤肉飯的店面總擠滿了人潮，甚至還排隊排到大街上來了。而原本三間老店，卻是生意清淡地門可羅雀。這可是從未發生過的情形哪。

「真是欺人太甚！這樣下去可不行哪！」咖哩飯老闆憤怒地說。

「那些老客人，什麼時候才會回心轉意？」壽司店老闆喃喃自語。

麻醬麵店老闆什麼也沒說，暗自下了決心。

經過一番研究後，麻醬麵店結合了傳統麵條與韓式泡菜，推出全新的口味—「韓式麻醬麵」。果不其然，立即在街弄巷道上造成廣大的迴響，生意也開始逐漸好轉起來。咖哩飯與壽司店老闆見狀雖然更加生氣，但也不甘落於人後。很快地，咖哩飯館推出新的口味「韓式咖哩飯」，重新吸引許多新舊客人的青睞。

　　而壽司店老闆，則選擇了更激進的做法：除了壽司以外，也開始賣起韓式烤肉飯。這招果然十分奏效，一下子就把另外三間小吃店的生意給搶了過來，甚至還勝過原本的韓式烤肉店，讓壽司店老闆笑得合不攏嘴。

　　咖哩飯館與麻醬麵店的老闆當然不甘示弱，無所不用其極地想盡辦法，買下最新款式的烤肉設備，兩間店幾乎是同時推出了全新菜單——「韓式烤肉飯」。結果生意逐漸有了起色，呈現出四家小吃店分庭抗禮的情勢。

　　看著原本一片大好的生意被三家老店搶光光，韓式烤肉店老闆倍感不悅，苦心研究後再開發出全新的「韓式泡菜鍋」料理。沒想到，不過才經過一個月的時間，其他三間店便一齊推出自家研發的新口味「韓式泡菜鍋」。

　　日復一日，四間小店紛紛推出各種韓式料理，甚至將自己原來的拿手好菜從菜單上移除，全力貫注在韓式料理上：「以後不再做咖哩飯了！」最終，這個繁榮喧鬧的街口裡不再有咖哩飯館、麻醬麵店和壽司店，只剩下四間口味略微有所差異的「韓式菜館」。

> 「今天晚上想要吃什麼？」
> 「不知道耶，我們到街口去看看吧。」
> 「有什麼好看，不就是四間韓式料理選來選去差不多嗎？」
> 「真懷念從前的美味咖哩飯和生魚片壽司哪……」

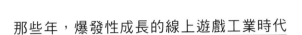

那些年，爆發性成長的線上遊戲工業時代

2004年春天，當我剛服完兵役踏入社會，亟欲尋找遊戲產業的工作時，面試過幾間老牌遊戲公司後，我才發現原來台灣的遊戲公司幾乎已不再開發那些所謂的「單機武俠遊戲」了。因為盜版，因為非法下載，因為網路的便捷性，從前那個美好年代已不復存在。

「不做線上遊戲的公司無法生存。」面試官冷冷地吐出幾個字。

是的，我全然可以理解，所以最終我選擇加入一間剛成立不久的網路遊戲公司。一開始時，大多數台灣的遊戲公司皆難以適應線上遊戲的生態，但經過幾次失敗經驗與一段時間的摸索嘗試後，逐漸抓住遊戲開發與遊戲行銷的要點，也終於步上了賺錢獲利的軌道。

與單機遊戲的一次性收費不同，無論是月費制或商城制線上遊戲，都有很高的機會從同一位玩家身上獲得多次付費進帳。正因如此，在這段線上遊戲的黃金年代裡，許多線上遊戲代理商與開發商，公司獲利皆呈現出爆發性的成長。遊戲公司接二連三地躍上股票市場，甚至一度造成投資人的追捧，登上櫃買市場的股價頂峰，造就出前後幾任的「遊戲股王」。

> 隨著市場與技術的成熟化，成就出越來越快的遊戲專案開發速度，以及越來越短暫的產品壽命。

從前動輒花費上兩年時間才能完成一款遊戲，現在甚至只需花費七到九個月的時間即可生產出一款網路遊戲新作。而遊戲推出後，每相

隔三個月就必須推出資料片或更新內容，比起從前的單機遊戲，線上遊戲的出版頻率，可說是有過之而無不及。

　　線上遊戲市場越加火熱，遊戲開發的引擎技術也越趨成熟，如同製造業工廠般的「遊戲產線」，不再只是老闆們夢想中的口號，而是能夠真切實行的賺錢之道。於是，我們開啟了線上遊戲大量複製的年代。不僅複製他人，同時也複製自己。只要前一款遊戲有賺錢，就能仰賴大量外包的美術設計素材，更換「皮相」，把遊戲題材與故事背景從金庸小說改為古龍小說，玩家照樣會買單。

　　這正是所有投資者夢寐以求的「可複製的成功模式」，也是台灣遊戲業的「工業時代」。然而，工廠化生產的隱憂已經開始浮現。

鬼之瞽語？？？

當我們的遊戲業界，將寶貴的研發能量投注於「如何大量複製」及「工廠式快速製程」時，西方國家的遊戲開發者，正在鑽研高深的人工智慧技術與玩家心理學理論；當我們沈溺在回合制武俠遊戲的製作中時，別人正在研究結合角色動態與關卡設計的爽快動作冒險遊戲；當我們的眼裡只有殺戮遊戲時，有一小群人正默默地做著獨立遊戲作品。

這些年，殘酷寓言成真，我們為何而戰？

小時候，玩遊戲沒有太多的選擇，所以我們可以耐著性子一次又一次地挑戰難纏的《洛克人》關卡，也能夠投著一枚又一枚的硬幣只為打贏《吞食天地 2》中的最後一關大魔王呂布，更可以在《最終幻想 4》裡不斷重複單調的戰鬥流程，只為了將所有的角色都練到等級九十九。

來到網路新世紀，遊戲產業的競爭越來越高漲，原先採用月費制收費機制的榮景並沒有維持太長，遊戲商不得不開始打起「免費遊戲」的旗幟，先誘使玩家進入遊戲後，再想辦法讓玩家掏出荷包付費。在這個廝殺激烈的紅海戰場中，線上遊戲公司莫不使出渾身解數，只為贏取玩家的注目與關愛。

為了接觸更廣大的消費族群，遊戲商首先找來偶像藝人為遊戲作品代言背書，果真得以如願登上娛樂新聞的版面。而不時傳出因線上遊戲而聚眾鬥毆、受騙上當，甚至更加嚴重的情節，使得線上遊戲多次登上社會版面的頭條新聞。此外，在電視、網路與報章媒體上的遊戲廣告，經常充斥腥羶色的元素，更導致社會大眾對於遊戲的負面觀感有增無減。

> " 當台灣深深著迷於線上遊戲市場時，在約略相同的時期裡，日本遊戲界無法從過往的榮耀走出，正陷入停滯不前且緩慢衰退的泥沼之中。與其相比，美歐遊戲界不僅在引擎技術上拉開差距，一舉成為業界領導者，更發展出槍戰射擊、即時戰略、動作冒險等等多元化的遊戲類型。 "

我所熟知的「遊戲」，已從以前那個單純美好的娛樂媒介，陷入了相互砍殺的螺旋之中。

由於遊戲作品的壽命大幅減少，遊戲營運商只好推出威力強大但會破壞遊戲平衡的商城道具，在遊戲剛上市的一、兩個月內，盡可能從玩家的荷包裡榨取金錢。之後呢？「管他的，再加開新的伺服器，再推出新的遊戲就行了！」

然而好景不常，玩家逐漸看穿了遊戲公司的換皮伎倆與剝削把戲，對於線上遊戲新作的忠誠度越來越低落。不斷加開的伺服器，彌補不了流失迅速的付費玩家；不停推出的遊戲新作，也挽回不了移情別戀的消費者。

身為遊戲產業中的一員，我們就像是拿著真刀實劍互相砍殺的浪人武士一樣，不知道自己為何而揮刀，不知為何目的而戰鬥，只是盲目地寄望能從斬人與被斬的修羅地獄中解脫，卻往往只是令自己越陷越深，終招致崩壞與毀滅。

我不願如此。

「在還有能力脫身之前，我必須離開。」以堅定如鋼的心情，立下離開的決意。

1-3 為何台灣做不出銷量百萬的遊戲APP？

　　雖然我在台灣出生、在台灣長大，也深愛著這塊土地，但我必須發自於內心誠實地說：

> 66 很抱歉，如果我們還是用舊觀念和老方法做事的話，這樣下去我們永遠都做不到、做不出銷量百萬的遊戲APP。 99

一百萬銷量的意義

　　為什麼要設定「一百萬」銷售量呢？因為它是個能夠讓獨立遊戲開發者獲得自由的重大里程碑。我們先來做點算數，計算若達到一百萬銷量可得到多少收益；假設APP售價訂為新台幣30元整，APP銷售量為一百萬套，依照目前App Store規則，開發者可得70%的收益：

遊戲總收益：30 X 1,000,000 X 70% = 新台幣21,000,000元

　　足足有新台幣二千一百萬元整！若能達到這個數目的銷售量，不僅可使開發者過比較好的日常生活，更可讓你辭去朝九晚五的工作、開除你的老闆，進而成為一位全職創業的遊戲APP開發者，享受工作自由、快樂痛苦以及嶄新的日常生活。

但是，不論你是在遊戲業界的工作者、撰寫軟體程式的程式設計師，或是將來想要倚靠絕妙點子做APP創業的人，為何我要看似潑冷水地提出告誡，認為若以目前的情勢，台灣開發者難以做出銷售量突破百萬的APP呢？

因為有許多開發者，經常懷抱著誤謬的想法投身APP開發。接下來我將以iOS平台為例，詳述幾項常見於遊戲開發者的誤謬觀點。

誤謬1：只鎖定台灣市場的消費者

如果這個數據屬實的話，若想達到百萬銷量的佳績，那麼豈不是讓所有台灣的iPhone持有者都非得購買你的APP不可？只要略懂市場銷售概念的人，都能理解這是幾乎不可能做到的事情。然而，事實上在全世界的市場上，已有超過1億台iOS裝置之多。但在台灣的APP開發者與遊戲公司，大多只將目標鎖定在台灣市場或華文市場上。

即使台灣與中國加總起來，擁有數量非常龐大的智慧型手機數，但在這些裝置持有者中，有多少人是會購買遊戲的潛在客戶？他們能有機會看到你的遊戲APP嗎？即使他們喜歡你的APP，但他們會願意因此而付錢嗎？

自從iOS的App Store與Android的Google Play問世以來，就像是打通了遊戲銷售與發佈的「任督二脈」，令我們能超越區域與國家之間的距離，將APP販售到世界各地的玩家手中。身為遊戲開發者：

" 世界從來沒有離我們這麼近過，別把視野與目標只侷限在小
島上。 "

誤謬2：只想複製別人成功的模式

在遊戲市場已被大型線上遊戲佔據的情勢下，當你向老闆提出開發
創新APP遊戲的提案時，必然會被要求做出詳盡的獲利計畫與預估數
字。若你身負管理職責，那麼你的肩上或許還得扛起全部或部分公司
的年度營收。在這樣的情況下，你怎麼敢去冒險做些看起來非常冒
險，且無法保證成功的遊戲作品呢？

「找出什麼可以賣錢，然後去複製一份出來。」

這是業界常見的做法。眼巴巴盯著App Store的排行榜，看見了現
在排行前十名的遊戲作品，於是就急急忙忙做出一款又一款相似度極
高的「致敬」作品。不停地追逐熱門的遊戲類型，卻沒有仔細探究為
何這些類型的遊戲能獲得玩家的青睞，盲目追尋潮流趨勢，最終被淹
沒在潮流趨勢之中。

就連社群遊戲領域的龍頭遊戲商Zynga，也因過度浮濫的複製遊戲
策略，而導致股價一蹶不振。

誤謬3：以為做App是簡單低成本的事

「看看那個《憤怒鳥》和《水果忍者》，不過就是拉彈弓射倒積木然後把水果亂切一通而已嘛！這種遊戲超簡單，沒有什麼難度，誰都做得出來！」

以技術層面的觀點來看，大多數暢銷熱賣的遊戲APP，或許背後並沒有什麼高超的技術或驚人的演算法，但所謂「魔鬼都在細節中」，遊戲的概念或許沒有什麼令人驚奇之處，但真正決勝的關鍵，卻往往存在於玩家沒有發現，但卻默默影響玩家感受的細節項目中。

很多人以為能夠撰寫程式的人到處都是，會設計畫圖的人更是滿街亂跑，所以開發一款簡單的遊戲APP，似乎只需要花費個二、三十萬新台幣的成本即可完成。事實上，真正能夠做到「磨亮細節」的人才非常稀少也很昂貴。

「他們會如此成功，只是運氣比較好而已！？」

我相信在許多知名遊戲的成功故事背後，必然伴隨著某種程度的運氣；在天時、地利與人和的情勢下，才得以誕生出這些成績過人的遊戲APP作品。但身為遊戲開發者，與其將成功與否全推給運氣如此難以捉摸的東西，倒不如將心思全神貫注在自己能掌握的事物上：「遊戲」本身。

誤謬4：亂槍打鳥的搶灘策略

「反正遊戲APP的定價，甚至比一杯咖啡還要更低廉，那麼不如以數量取勝，應該有更多機會可以擊中目標吧！」

有些APP開發者，認知到沒有靈丹妙藥可以「保證每次都能成功」這項事實後，便開始採取以速度及數量為主要策略的遊戲製作方式。想像著若每二至三個月可產出一款遊戲，那麼一年內至少可做出4到6款作品；如果能開設三條產線同時進行遊戲開發，那麼一年甚至可產出將近20款作品。有了為數眾多的作品後，便可建立起遊戲品牌，進而使遊戲大賣特賣。

但是這樣的心態就像是執著於購買樂透彩券一樣，迷信賭博能致富，而非腳踏實地做事的態度。越多的作品，越多的曝光，往往不等同於更高的成功機率。

因為玩家不會給你第二次機會。當他們不喜歡你的遊戲時，大多數人甚至連留言批評或多說一句話都不願意，他們只會選擇默默離去，而且從此不會再回頭。所以若只以上市速度與作品數量為目標而忽略了根本的遊戲品質，不僅會傷害到遊戲原先具備的發展潛力，更可能對個人職涯造成負面影響。

鬼之警語？？？？

在網路創業領域中，最近很流行「精實創業」（Lean Startup）的概念，而其中最為人津津樂道的莫過於迅速推出「最小可行產品」（Minimum Viable Product）的做法。「最小可行產品」，在遊戲原型開發上是很有幫助的方式，但若運用於遊戲市場則必須更謹慎。

誤謬5：小遊戲就是大遊戲濃縮版

製作一款線上遊戲專案，至少需要籌組一個20人以上的開發團隊，並且耗費12至24個月的開發時程，才能孕育出一款良好的線上遊戲作品。台灣遊戲業界走過了線上遊戲的黃金十年，我們做慣了那些大成本、大製作與大場面的遊戲類型，結果來到這個「APP新世紀」之後才赫然驚覺：

「我們不會做小遊戲！！」

當許多遊戲公司以製作《暗黑破壞神3》的動視暴雪（Activision Blizzard）公司為發展目標時，我們已經忽略太多太多小而美好的遊戲。國外有許許多多著名的獨立遊戲作品，製作團隊僅有2至3位成員，不論他們是全職投入或利用工作之餘製作的作品，這些微型或小型遊戲所帶給玩家的樂趣，完全不會輸給上百人團隊製作出來的遊戲大作。

相較於大成本大製作的線上遊戲，遊戲APP像是個反璞歸真的遊戲使者，在它有限的裝置效能與圖形資源中，脫下了龐大繁複的故事劇情，剝除了燦爛奪目的視覺糖衣。

> ❝ 這些小而不小的遊戲，使我們遊戲開發者必須回歸到遊戲的根本核心，探求專屬於「遊戲」這項媒介的最原始感動。❞

比起以「人海戰術」數量規模策略取勝的傳統遊戲開發流程，APP遊戲開發更傾向於「精兵制」的團隊編制；APP團隊中的成員，除了

身懷各個不同專業領域的技能深度以外，也需要具備能跨越不同知識領域的心胸與廣度。

誤謬6：工廠化的生產思維

麻將、撲克牌、骰子，這是許多台灣遊戲公司最擅長的遊戲類型。相對於製作玩法創新的遊戲類型，開發麻將遊戲的風險更低，而且也更容易做出獲利與成效的估算。沒錯，做這些所謂「博奕類型」遊戲的公司，大多數獲利頗豐，也是對於股票上市的遊戲公司來說，再安全不過的保險做法。

但若只是不斷重複做著這些低風險的作品，那麼我們遊戲開發者註定走不出台灣，也走不出華文遊戲市場。

> 事實證明，目前在台灣遊戲APP市場上，成績表現極佳的作品諸如《閃電戰機》、《火線突擊》與《Cytus》等，皆非傳統保守的遊戲類型，更不是出自於具有輝煌戰績的老牌遊戲公司。

壞消息，好消息

最後，有一則壞消息和一則好消息給各位：

壞消息是，過去的成功模式不再管用，你必須重新開始嘗試、學習並累積經驗。

好消息是，過去的成功模式不再管用，**所有人**都必須重新開始嘗試、學習並累積經驗。

對於那些體積龐大的「大象公司」來說，遊戲APP是他們看不上眼的「螞蟻市場」。即便他們想要投身其中，也必須移動笨拙緩慢的身軀，做出相對應的行動。相較之下，小型開發者與獨立開發者的優勢，正是在於對市場風向的反應靈敏度。大公司不想做的，可以養活很多小公司；對大公司來說的壞消息，卻可能是對於獨立開發者的天大福音。

衷心期望台灣遊戲開發者們能擺脫上述各項誤謬的思維觀念，做出銷售量突破百萬的遊戲APP佳作，證明我是錯的，證明台灣也能做出銷量百萬的遊戲APP！

這場「APP新世紀」的戰爭已勢在必行，你準備好了嗎？

第二關 跳海試金石

苦行僧：「我必須再一次確認，自己能夠在這片黑暗森林中存活下去。」

2-1 第0號專案：下班後的黃金行動

> " 在剛面世不久的iPhone上，我看見的不止是一隻只有一個
> 按鍵的觸控式智慧型手機，而是一個潛力無窮的娛樂遊戲平
> 台；對於App Store，我看見了獨立開發遊戲的新方向。 "

　　雖然當時在遊戲公司的工作已陷入停滯不前的狀態，但真正驅使我下定決心離開公司的引爆點，來自於APPLE為全世界帶來的「iPhone」手機以及「App Store」。

　　「這將會是一個撼動世界的契機。」此刻的我，感覺全身血液正激烈地翻滾沸騰著。雖然我的存款積蓄不多，甚至還有筆房屋的債務仍未償清，但我非常渴望立即遞出辭呈，馬上動身追尋自己的目標。但最終，我還是忍耐了下來。

　　因為我仍未準備就緒。

我真的夠格成為一位獨立開發者嗎？

　　熱血稍緩，冷靜下來後，我告訴自己，若真的想要離開公司並自行嘗試研發遊戲的話，那麼至少先做款完整的遊戲作品再說吧！利用下班之餘以及週末假日的時間，嘗試製作一款iPhone平台的遊戲作品，

並將其上架至App Store進行販售。若連一個簡單的作品都沒有做出來，有什麼資格高談獨立遊戲開發的理想抱負呢？

開發這項專案的目標，主要有三項：

1.確認自己技術的可能性：

先前我使用C++語言搭配Lua語言開發出了一套小而美的程式框架（Framework），以利進行小型2D遊戲的雛形開發。現在我打算使用這套程式框架開發iPhone平台的遊戲，所以必須先確認自己擁有的技術是否具有可行性。

2.瞭解專案管理的合作模式：

在遊戲公司時，雖有不少與美術設計者溝通洽談工作項目的經驗，但我從來沒有站在專案負責人的立場與美術設計者緊密配合，因此我希望能在這項專案裡，建立起與美術設計者共同工作的完善合作模式。

3.熟悉App Store的上架流程：

包含申請開發者帳號、取得開發憑證，以及開設銀行帳號等手續，都是需要花費額外時間熟悉並實際經歷的流程，若想從事App遊戲開發，一定得搞懂其中的來龍去脈。

我給這款遊戲作品的開發期限是三個月，必須在三個月之內同時在公司上班，並利用自己的剩餘時間完成一款完整的遊戲，證明自己擁有足夠的能力。

這是我向自己提出的挑戰與考驗。

下班後三小時的「我愛地鼠」時間

以前我曾自行製作一些獨立開發的小遊戲作品，但這些作品的圖片素材大多得自由網路搜尋而來的圖片，或取材自紅白機時代的遊戲圖。在沒有商業行為的情形下，擅自使用他人圖片或許不會有太大的問題，但若想將遊戲上架至App Store，必須更注重圖片的來源及著作版權，才是做遊戲的正當態度。

我的專長領域是遊戲程式設計，撰寫遊戲程式是我熱愛且擅長的本事。而在下定決心準備開始製作遊戲專案後，最重要的問題，就是如何找到願意與我一同合作開發遊戲的美術設計者。我該如何尋找合適的伙伴呢？

很幸運地，我的妹妹Feeling就是一位美術設計師。雖然她的專長主要在於平面設計與網頁設計，以前從來沒有做過遊戲美術設計的工作，但我相信她應該可以勝任這項任務，繪製出生動有趣的遊戲角色及場景物件。探詢她的想法後，她很樂意幫忙，順利解決了尋找美術設計伙伴的問題。

接下來的關鍵點，就是必須決定遊戲專案的設計概念。開發期限是三個月，而且只能利用上班之外的時間製作，所以若要如期完成的話，前提就是必須挑選一個規模很小、難度很低的遊戲設計概念，才能夠達成自己設定的目標。

當時我很喜歡玩一款由日本遊戲設計師開發，名為《Tontie》的「打地鼠」類型遊戲。這是款在網頁瀏覽器上執行的小遊戲，玩家僅

需使用電腦鍵盤上由0至9的數字鍵，便可輕鬆得到打地鼠的爽快樂趣。於是我便決定以此遊戲為基礎，在iPhone上製作一款打地鼠類型的遊戲，名為《iWhack Mole》（我愛地鼠）。

與許多打地鼠類型的遊戲相似，我的這款遊戲採取「九宮格」的方式排列地鼠們的現身位置。打地鼠遊戲最關鍵的核心機制，就是地鼠們會不定時從地洞中探出頭來，而玩家必須抓緊時機敲打他們的頭。藉由iPhone觸控式螢幕的操縱方式，玩家是以手指觸控的方式去進行敲擊地鼠的任務。

我幫這個「下班後專案」設計的進度表是：

" 第一個月，確認程式框架在iPhone實機上的可用性，接著完成「地鼠現身」與「敲擊地鼠」兩項遊戲核心機制。

第二個月，開始加入各種不同類型與行為的地鼠，並不斷與美術設計者溝通遊戲圖片的需求。

第三個月，加緊腳步完成各項遊戲介面與關卡設計。 "

遊戲共有3個不同的遊戲場景，從草地原野、城市街道到太空星球，都可以看到這些調皮地鼠的蹤跡。而遊戲的主角地鼠們，更是足足有12種類之多，其中包括頭戴安全帽的地鼠、三隻眼外星地鼠、魔法師地鼠等等，各自具備不同的數值屬性及行為模式。遊戲中的玩家化身「鎚子」，也擁有可以升級力量、速度與血量的選項。

　　遊戲共有為數不少的60個關卡，其中甚至還加入「BOSS戰」關卡，因為我想要帶給玩家相當充足的遊戲內容。

我愛的？我不愛的？通通都要負責

　　在這次的挑戰中，我學到非常多的寶貴經驗。對程式設計者來說，撰寫「遊戲核心機制」的功能，是一項令人心醉神迷的任務。當我們看到遊戲因玩家的輸入產生正確的回饋反應時，我相信所有程式設計者都可從中獲得很大的滿足感。

　　而在一款完整的遊戲中，最繁瑣無趣的任務，應該就屬「遊戲介面」的設計與製作了。

　　遊戲介面，諸如主選單、關卡選單、分數結算、遊戲選項等等，是所有完整的遊戲作品中不可或缺的一環。在遊戲介面中，需要安排大大小小各種按鈕元件及相對應的功能，對遊戲設計者來說，在沒有介面編輯工具的情形下，光是為了調整各項按鈕元件的位置到最合適之處，都得花上不少心力與時間。

　　對獨立遊戲開發者而言，最重要的是在開發過程中，不能只想著去做自己最感興趣的事情，而是必須把每一項任務、每一個細節做好。

　　另一項令人傷腦筋的問題，在於「遊戲音樂」與「遊戲音效」應該如何取得？

若沒有搭配適當的音樂與音效，將會使遊戲失色許多。於是我在網路上搜尋可免費使用的音效素材，仔細尋找、反覆聆聽之後再將其加入遊戲中；雖然無法完美符合所有物件動作的效果，但遠比沈默無聲的遊戲好太多了。遊戲音樂的部分，我選擇在國外網站上購買專業配樂，每首曲子約20至30塊美金，即可讓購買者任意使用。

　　歷經上班寫程式、下班繼續寫程式的三個月生活之後，總算如期完成了我的第0號遊戲作品—《我愛地鼠》。

> 66
> 從遊戲開發的角度來說，這是我進入遊戲業以來，第一次從
> 頭到尾完整經歷遊戲程式設計、企畫設計與美術設計的每一
> 項細節。
> 99

地鼠變成貓？一波三折的上架過程

　　總算大功告成後，我便開心地將《iWhack Mole》的App檔案封裝，到APPLE的開發者網站準備上傳遊戲檔案以供審核。沒想到，在輸入遊戲名稱「iWhack Mole」時，竟然出現「這個名稱已被使用」的錯誤訊息！我明明事先已在App Store上查詢過，並沒有任何遊戲使用這個名稱，為何會出現這樣的問題呢？

　　或許是有人已在開發者網站註冊了這個名稱，但遊戲仍在開發中而沒有上市，所以造成雖然在App Store上查無此名稱，在申請時卻無法使用該名稱的情形。於是我只好修改遊戲名稱，將其由「iWhack Mole」更改為「iWhac Mole」，終於可以通過遊戲名稱的申請了。

經過這次的教訓，我深刻體認如果有想使用的遊戲名稱，一定要趕緊到開發者網站上計冊申請，確認是否能夠使用該遊戲名稱，才不會白白浪費遊戲開發或甚至遊戲行銷的準備功夫。然而APPLE為了防止此機制被濫用，遊戲名稱在申請後，開發者必須在120天內將遊戲遞交審核，否則便會被註銷名稱，並從此不得再申請相同的名稱。

　　遊戲更名《iWhac Mole》後，填寫了一些相關的遊戲資料，接著順利地上傳App檔案給APPLE審核。靜候　週左右的時間，收到來自APPLE的回音：

「拒絕通過。」

「怎麼會這樣呢？！」

　　在這封英文的電子信件裡，APPLE官方人員以委婉隱諱的語句，提到「你的遊戲可能侵犯他人的權益」，所以無法讓我的《iWhac Mole》遊戲在App Store上架販售。對我來說，真是個天大的打擊，花費了三個月時間的嘔心瀝血之作，眼看就要付之一炬！？

　　幾經查詢後，我才知道「打地鼠」類型的遊戲，在美國俗稱為「Whac-A-Mole」遊戲，其版權為一間規模很大的玩具製造商所有。或許是我遊戲中的地鼠們與原版權擁有者太過相像，或許是我使用的遊戲名稱與「Whac-A-Mole」太過相近，因而讓APPLE覺得有侵權疑慮，但在這封信件裡卻沒有提到真正的疑慮及原因為何。

我沒有回信與APPLE爭論或抗議，幾經掙扎思考之後，最後決定修改更改部分遊戲設計內容及遊戲美術圖片：

> 1.將主角「地鼠」更改為「貓咪」：以美術圖片的角度來說，只需將地鼠的牙齒拿掉，加上貓咪鬍鬚，就能夠巧妙而簡易地將「地鼠」整型成「貓咪」。
>
> 2.將「鎚子」更改為「藥水瓶」：遊戲的樂趣從「敲擊頑皮地鼠」變成「治癒生病貓咪」。這些面帶病容、流著鼻水的貓咪生病了，而玩家的目的就是使用藥水治療他們，讓他們能夠開心離去。
>
> 3.將遊戲名稱由《iWhac Mole》（我愛地鼠）改為《Potion Action》（藥水行動）。

　　額外花費了一個月左右的時間，完成上述圖片更改與其他細節修改。在沒有大幅更動設計的情形下，抱持著忐忑不安的心情將《Potion Action》三度送審，很擔心不知是否又會被拒絕退件。

　　最終總算圓滿順利地通過審核，並於全世界的App Store上架。

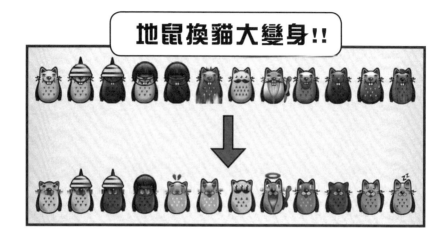

從挫敗經驗中開啟機會之窗

　　《藥水行動》不只是我在踏上獨立遊戲開發之路的「第0號專案」，也是我所開發的第一款商業化完整遊戲作品。

　　從前聽過不少遊戲開發者在App Store上一夕致富的傳奇故事，所以《藥水行動》剛在App Store上市時，我不免也懷抱著希望能夠獲得玩家矚目的想法，每天關注遊戲下載數據。但是期望越高，卻只是令人失落更深。總結來說，《藥水行動》的銷售量不到2000套，是非常慘澹的下載成績。

　　接受自己無法從這款遊戲賺大錢的事實後，必須先做檢討反省之後再重新出發。當初設立的三項目標「確認自己技術的可能性」、「瞭解專案管理的合作模式」、「熟悉App Store的上架流程」皆已成功達成，至少算是達到最低限度的目標；而遊戲成績失利的原因，大致可分為以下幾點：

1.遊戲設計機制失衡：

沒有充足的遊戲教學過程，使玩家不易瞭解遊戲中的各項機制設定，以及各角色與物件之間的互動行為。另外，遊戲關卡的節奏設計不良，進展過於緩慢，沒有在前期的關卡提供足夠的挑戰，讓人無法充分感受到遊戲真正的樂趣所在。

2.美術設計動態不足：

雖然我的妹妹是專業的美術設計師，但她並不擅長繪製遊戲角色的連續動態圖。遊戲角色及遊戲物件的動態表現太少，使玩家覺得遊戲的回饋不夠豐富生動，也降低了遊戲體驗的感受。

3.遊戲玩法缺乏新意：

打地鼠遊戲，不論是在實體遊戲機台或電子遊戲上，都是十分常見的遊戲類型。在新奇有趣的iPhone平台上，到處充滿著各式各樣令人驚嘆的遊戲創意，相較之下打地鼠遊戲便顯得平凡無奇，難以引起玩家的興趣。

這不僅是遊戲失敗的自我檢討，更是無可取代的寶貴經驗。失敗並不可怕，只要能誠實接受挫敗，深切認知自己的不足之處，便能從中學習教訓而成長茁壯。

> 若沒有親身走過這趟邊上班、邊做遊戲的刻苦歷程，我不會知道即將啟程的路途有多麼險惡難行，更難以預料這款成績慘澹的作品，卻將為我帶來難以想像的正向效應。

「殺不死我的事物，將使我更強壯。」別害怕失敗，把所有的挫折、苦痛與打擊，當作生命中不可或缺的成長養分吧！

2-2 第1號專案：做自己想做的遊戲

> 愛因斯坦說：「如果你不能簡單的解釋一件事情，那表示你對它的瞭解還不夠透徹。」在離開公司的前幾個月，我開始構想規劃的遊戲作品企畫案，名稱為《當個遊戲製作人吧！》，我自認這是我最熟悉也最喜愛的題材。

玩家在遊戲中扮演的角色，是在遊戲公司以及遊戲專案中最關鍵的要角：「遊戲製作人」。身為遊戲專案的最高負責人，玩家必須帶領旗下團隊的成員，設法在有限的金錢預算與時程中，順利完成一款賣座的遊戲作品。

以遊戲類型來說，這是一款屬於「模擬策略」類型的遊戲。與《模擬城市》、《信長的野望》或其他經營遊戲的玩法相似，玩家身為這個小世界的統御者，必須想盡各種辦法、用盡所有手段，使遊戲專案能夠順利完成並獲得良好的銷售成績。

而《當個遊戲製作人吧！》與傳統的模擬策略遊戲不同之處，在於其中巧思獨具的「卡片」遊戲機制。玩家下指令進行遊戲的方式，不再是透過遊戲介面中的選單，例如「建設」、「內政」、「外交」、「軍事」等項目選取並執行，而是透過自己手上的「卡片」牌組。

「安排進度」、「舉行會議」、「教育訓練」、「命令加班」、「面試人員」、「解雇員工」等等，所有的行動指令，全部轉化為一張張個別的獨特卡片。依據行動點數，玩家每回合可以打出一至多張卡片，每張卡片皆有不同功用及效果。

「遊戲開發」＋「策略模擬」＋「卡片行動」＝「當個遊戲製作人吧！」

這就是我發自內心想要做的遊戲！

我愛桌上遊戲，我愛製作遊戲

「為何想製作以『卡片』為基礎玩法的遊戲呢？」

幾年前，我在一次朋友的聚會上，參與了一場新鮮有趣的「桌上遊戲」。朋友帶來的桌上遊戲名為《燒錢計畫》（Burn Rate），這是一款以卡片為基礎玩法，且遊戲規則簡單易懂的入門級桌遊。

《燒錢計畫》最有趣的地方，在於它的主題：「網路.com泡沫」。玩家是個身處西元2000年左右的網路創業家，經營著一間即將泡沫化的網路公司，與其他玩家相互競爭對抗，最後存活下來沒有破產的人，就是這場遊戲的贏家。

遊戲的核心要素在於，誰「燃燒」金錢的「速度」比較慢，就可以勝出。

　　玩家之間有著競爭的關係，所以可以彼此陷害，將一個又一個的「餿主意」塞給其他玩家的網路公司。當玩家接收到「餿主意」後，必須指派「工程師」去執行它。若不巧在玩家的公司內沒有足夠的工程師，那麼便得雇用「外包人員」去執行這些餿主意；而「外包人員」的薪水為內雇「工程師」的兩倍，因此每個月的金錢支出也會倍增。

　　如「明知道是個壞主意還得去執行」、「銷售人員只會打嘴砲而無實際作為」、「人資部門的程廣決定雇用人才的優劣」等等，在《燒錢計畫》中充滿了詼諧有趣的遊戲規則，每每令人回想起那段崇尚「本夢比」的網路泡沫時期，相當值得從事網路或遊戲行業的人細細玩味，而我也非常欣賞這款桌上遊戲幽默且引人省思的調性。

　　另一個《當個遊戲製作人吧！》決定採用卡片概念的影響者，則是源自日本、風靡全世界的卡片戰鬥遊戲：《遊戲王》。

　　在《遊戲王》的卡片牌組中，有「怪獸卡」、「魔法卡」、「陷阱卡」、「裝備卡」等等許多不同類型的卡片，玩家能以此組合出千變萬化牌組，非常豐富多樣且令人著迷。《遊戲王》在全世界受歡迎的程度，甚至不輸給享有盛名的《魔法風雲會》。

　　在《遊戲王》中，戰局的勝負與逆轉，往往取決於覆蓋隱藏於檯面上的「魔法卡」與「陷阱卡」。「翻開覆蓋的魔法卡：『死者甦醒』！」翻開悉心策劃的伏兵，是多麼令人驚心動魄的一刻。如果能夠套用類似的遊戲規則，想必能為卡片遊戲帶來一番新的樂趣。

為何會選擇『遊戲開發』做為遊戲的題材？因為，我想要做些不一樣的事情，做點從來沒有人做過的東西。

在構想這個企畫案之前，我已經在台灣的遊戲業界工作了將近六年的時間。雖然比起許多前輩來說，六年不過是他們年資的零頭罷了，但對許多人來說，六年已經是足夠讀完四年大學與二年碩士班的漫長時間了。

> 我想要真正追尋原生於自己的感動。《當個遊戲製作人吧！》的遊戲發想與製作概念，以及這份從內心出發的原始素材，是其他人所沒有的，是自己的獨一無二之物，也是一種無法被複製被抄襲的心血結晶。

這就是為何我要選擇「卡片遊戲」與「遊戲開發」做為遊戲主題的理由。

開始設計遊戲規則吧！

在遊戲研發的範疇中，一般而言會分成三大專業領域：程式設計、美術設計，以及企畫設計。而遊戲製作人的職責，就是必須領導並管理這些不同專業領域的成員，共同完成設定的目標。

所以我把這樣的遊戲製作經驗，帶入我想設計開發的這款《當個遊戲製作人吧！》遊戲中，玩家扮演遊戲專案中的關鍵要角「遊戲製作人」，領導旗下一干團隊成員齊心協力完成一款遊戲作品的開發。對

上，玩家所扮演的製作人必須對「老闆」負責；對下，玩家則必須管理團隊中的所有「成員」。

我用卡片來設計遊戲角色的行動，共有「行動卡」、「事件卡」、「員工卡」與「特技卡」四種不同類型的卡片，遊戲中所有的行為與決定，皆透過抽取以及使用卡片的方式進行。

「行動卡」：行動卡是玩家的手中可使用的牌組，一開始時會有5張，每一回合打出2張以採取行動，然後再抽取新的行動卡。行動卡包含「舉行會議」、「安排進度」、「教育訓練」、「口頭勉勵」、「雇用人員」、「解雇人員」、「加班」、「聆聽需求」等等。

「事件卡」：事件卡是每一回合強制抽取並且立即發生的卡片，玩家必須回應該事件並做出相對應的決定。包含「老闆巡視」、「雜誌採訪」、「意見爭論」、「偷玩遊戲」、「要求加薪」、「其他公司挖角」、「功能修改」、「發生錯誤」等等。

「員工卡」：員工卡分為「程式設計者」、「美術設計者」與「企畫設計者」三種不同卡片，在雇用時可決定想要抽取的員工類型。每位員工的基本屬性包括：「薪水」、「能力」、「心態」、「體力」、「等級」以及「經驗值」。

「特技卡」：當玩家身為製作人的「業障」值到達極限後，可發動如同大絕招一般的特技卡片。特技卡的意象概念，主要取材自塔羅牌，包括「魅力之星」、「鐵血之塔」、「藥水魔術師」、「勝利戰車」、「喜劇吊人」、「命運之輪」、「寬恕皇后」、「審判之眼」與「灼熱惡魔」。

手工特製宛如大富翁的遊戲卡。

真的能玩的紙上遊戲。

建立遊戲的核心概念

在遊戲發想與設計的過程中，極重要的關鍵步驟，在於一開始就確實掌握遊戲的「核心概念」。惟有先把所謂的「核心」確立起來，我們才能夠以此為根本，逐步向外擴充並增加其他的遊戲功能及特色。

無論在你的腦袋中想像的是多麼偉大的遊戲概念，落筆成章後是厚達五十幾頁的精妙設計文件，如果無法在專案啟動時，用最簡單易懂的方式讓自己知道這款遊戲作品的「核心」為何，同樣也無法讓你的伙伴徹底瞭解你想要達成的目標究竟是什麼。

一旦遊戲的核心概念定義不清，很容易就會演變成「做什麼都好」，或者「不管什麼功能特色都想加入」這樣的困難處境，最終成果可能成了個東拼西湊的四不像。

> **"**
> 若你無法言簡意賅地闡述遊戲的核心概念，這個遊戲專案未來將會遭遇到非常大的問題與困難。
> **"**

對於《當個遊戲製作人吧！》，在遊戲的發想與設計之初，我想呈現出來的作品樣貌，是一款與現實狀況相符且不失幽默的「遊戲開發」遊戲。遊戲中的幾個核心概念為：

1.「進度不等於品質」：

為了衝進度，最終成品的品質往往會被犧牲。但如果一味地專注於提升品質，可能會落得進度落後以及預算不足的結果。如何平衡「預算」、「進度」與「品質」，是遊戲專案的最大難題之一。

2.「員工士氣影響深遠」：

當士氣高昂時，進度與品質會額外增加；而當士氣低落時，進度與品質則會連帶減損。

3.「薪資、能力、心態」：

有能力者，心態未必同樣出色。能力可以貢獻專案進度，但惟有配合良好心態才得以提升專案成果的品質。

與夢想中的美麗童話故事不同，現實中總是充滿了許多的矛盾、掙扎，以及那些不得不如此的妥協。為了讓玩家深刻體會遊戲產業的美麗與哀愁，我期望在遊戲中製造許多讓玩家感覺衝突與兩難的選擇。

一般狀況下，每個人都知道不可以做壞事。所謂的「壞事」，有些是被法律嚴格規範的惡事，但有些則是道德上的困難抉擇。沒錯，我們都清楚應該勇於抗拒來路不明的金錢、名利與地位的誘惑。但當我們真正身處其中時，是否還能振振有詞，說得如此理所當然？

半路心得？？？

如果你是遊戲製作人，或者換個說法，當你的手中掌握「權力」時，你的選擇會是什麼呢？我深深覺得，如果能做出這款遊戲，不僅可反映出我在遊戲業工作六年的心聲，也會讓我更相信做自己想做的遊戲是完全正確且樂在其中的選擇！

2-3 為什麼你不該離職創業搞 APP？

> "故事說到這裡，讓我們稍微喘口氣。離開大公司後，毅然決然跳入的獨立之海，到底是傳說中的偉大航路，還是誤入歧途的黑水溝呢？"

自從iOS及Android系統問世以來，或許你和我一樣，在網路與報章媒體上，已讀過許許多多靠著一款小小APP立即一夕致富的成功案例，使你每每感覺全身上下熱血沸騰，認為自己將會是下一款「憤怒鳥」遊戲的成功開發者。

所以，你想辭掉你那枯燥乏味的工作？迫不及待要跳這個全新的熱潮中？

先別這麼急，在你決定離開公司「跳海」投身APP遊戲開發之前，你是否瞧見底下的海是什麼顏色了呢？請三思而後行，自我審視是否抱持著以下10點誤謬想法：

1.以為日常習慣不需要改變

在公司上班時，無論你的工作成效如何，只要表現別差到被解雇，至少每個月都會有一筆固定的薪水可領；而一旦離職後，便沒有人會付給你薪水。

從此以後，會有數個月甚至數年之久的時間，你的銀行存簿數字只減不增。你得度過著這段沒有收入的日子，需要拿出自己的積蓄與存款，節省地使用金錢。無法克制自己每個月購買最新上市的遊戲嗎？喜歡存錢買昂貴的攝影器材嗎？

是時候和你的昂貴嗜好說再見了。

如果你有沈重的經濟壓力或奢侈的消費習慣，首先該問自己的問題就是：你有辦法過著量入為出的儉樸生活嗎？

2.以為擁有價值百萬的創意

「嘿，老兄！我有個好主意，我們一起合作吧？」

若你的專長是程式設計、美術設計或其他技術領域，你可能經常會受到這樣的詢問。事實上，這句話的白話版本應該是：「我負責構想、指揮和命令，你負責做全部的工作，成功後你會分到一半的錢。」

每個人都擁有所謂的「點子」或「創意」，所有人都認為自己的構想是獨一無二且具有百萬價值的鑽石礦脈。很可惜的是，在遊戲開發這個領域中，最不缺乏的事物通常就是創意。是的，優秀的「創意力」，確實能讓遊戲作品脫穎而出，但若沒有可與其相稱的「執行力」，即使你的想法再高明，也只是無法實現的空中樓閣罷了。

價值＝創意×執行

「創意」與「執行」應該相輔相成，才能產生出真正的「價值」。別吝惜向他人說出你的天才點子或絕妙想法，敝帚自珍的態度無法為你帶來合適的創業伙伴、資金與奧援。

3.以為可以全部自己來

單打獨鬥的時代早已逝去不復歸返。如果你想認真製作出一款品質優良的遊戲作品，那麼不可或缺的就是必須先找到你的「兄弟（或姊妹）連隊」：

> 66 那群願意和你一同出生入死，在前線打仗作戰的好伙伴。 99

何謂「好伙伴」呢？好伙伴會做你不會的事情。如果你的專長是程式設計，擅長美術設計的人會是合適的伙伴；如果你的專長是市場行銷，那麼你該尋找具有研發技術能力的伙伴。彼此的能力專長能夠互補不足，才可組成一支實力堅強的隊伍。

在遊戲開發領域中，最重要的資產既非資金也不是技術，而是以「人」為本的團隊。選擇投身遊戲領域的人，大多數擁有自己對於遊戲的理想與抱負，所以除了在工作上的相處以外，你更需要投注額外的時間與他們相處，瞭解他們「為何而戰」，體會他們對於遊戲開發的理想，甚至是人生的目標，以及他們的癢處與怪癖。

4.以為專心做出遊戲就好

在遊戲公司工作時，你只需要專精遊戲開發中的某項領域，例如企畫設計、美術設計、行銷宣傳等等，就能在公司組織中佔有一席之地。但當你進行獨立遊戲開發時，你更需要看起來像一位會在不同時機戴上不同工作帽的超級「瘋帽客」。

一般而言，在成員極少的微型團隊中，「通才型」的伙伴會勝過「專才型」的人才。每位成員仍應具有自己的「主要技能」，但除此之外，更需要兼修其他「副手技能」，例如除了撰寫程式碼之外，程式設計者也懂得如何做一點關卡設計；除了繪製美術圖片設計之外，也略知如何做市場行銷分析。

> 66　創業做遊戲，並不是「做個好遊戲，接著就可以躺著等錢滾進來」這麼簡單而已。　99

有些遊戲開發者不願花費心思在市場行銷的面向上，總以為只要把遊戲做好，一切就會自然而然推展開來。很可惜大部分的情況並非如此。

忍術奧義

依據我自己實際經歷過的幾次經驗，我認為應在遊戲開發早期時，便將「市場行銷」納入核心策略考量，主動與媒體網站聯繫，聆聽玩家的意見，虛心接受建議，並解決他們遇到的問題。你不能不做市場行銷，而且應該在遊戲推出前就開始做！

5.以為可以第一款遊戲就賺大錢

就像是有生以來所買的第一張彩券就中了樂透頭彩一樣,初出茅廬之作便一砲而紅的機會,不是不存在,但這機率卻是比被雷擊中還要更加渺茫。真正的現實是,你的第一款遊戲、第二款遊戲,甚至第三款遊戲,都不會命中紅心。

在APP經濟發酵之前,你可能已經在腦中或用紙筆構思許久,架構出一個龐大複雜而精巧的遊戲系統;你可能從小玩著日式角色扮演遊戲長大,夢想做出超越《勇者鬥惡龍》的遊戲。如今APP世代降臨,你已迫不及待想實現你的夢想:

> 如果這是你一直以來的想法,那麼請先暫時不要做你夢想中的偉大遊戲!

好比玩遊戲一樣,如果你身穿著新手裝備,才剛踏出新手村就急著去挑戰最終關的大頭目,下場可想而知會相當慘烈。請從「小」開始,做一、兩款小到微不足道的小遊戲。雖然小,但是完整,從中累積各種寶貴的開發經驗以及團隊的開發能量。

還記得從現在開始,不會有人支付你薪水嗎?若你真的下定決心投入這場前所未見的史詩戰役,那麼在辭去正職工作前,請先備齊你的「糧草後援」:

至少準備可以完成三款遊戲的開發預算。別忘了把你的生活費也一併計算進去。

6.以為可以享受自由的生活

告別朝九晚五的生活之後，再也沒有惱人的鬧鐘聲每天早上呼叫你離開床上。遲到不會被扣薪水，請假不用看人臉色，你就是你自己的老闆！

離開學校，踏入社會以來，再也沒有嘗過這種可以每天睡到自然醒的好日子。然而這才是真正的問題所在！得到更多的自由，肩上的責任也會更加沉重。可以自由安排用餐、運動與處理各種事務的時間，以及日常的生活作息規律，這是大多數上班族夢寐以求的理想生活。

> 然而，在享受這份自由之餘，別忘了這麼做的理由與代價為何。

日夜顛倒的作息，即使可以使你的工作順利推展，卻沒有人能夠如此長久持續下去。對於創作者來說，自律的態度與行為，是得以創造出優秀作品的不二法門。維持規律以及早睡早起的日常生活，才是能夠長久開發遊戲的生活作息。

7.以為一個人獨處很簡單

不習慣一個人待在房間裡嗎？不找人說幾句話就覺得全身不舒服嗎？離職創業之後，大多數時候，你是孤獨的一個人。與在公司上班不同，再也沒有同事可以和你談天說地聊八卦，再也沒有喧鬧煩擾的電話聲和印表機聲。

> 你需要專心，你需要學會一個人獨處。你至少必須不討厭和
> 自己在一起。

當你一個人獨處的時候，會有很多事情來幫倒忙，使你分心和拖延工作的玩具；那裡永遠有一集漫畫沒有看過，永遠有一款遊戲還沒玩完，永遠有一部動畫仍未觀賞。如果不能對自己的興趣嗜好做出適當的自我規範的話，很快就會迷失在只有消耗沒有生產的日常生活中。

8.以為不需要家人的支持

與親人之間的關係至關緊要。在你下定決心前，先探詢他們的意見與想法；在你做出決定後，試著讓他們瞭解你的動機與理由，說服那些你愛的人。

在創業的過程中，你勢必會遭遇排山倒海而來的難關。在你身處低潮失落的狀態，感覺全世界都背棄而去時，親人或伴侶間那份無條件付出的愛，將能幫助你度過人生難關。

> 當你遭遇進退兩難之時，請記得事業可以重來，但人生可不
> 能。

9.以為可以跟隨成功者腳步

在一百張意氣風發的臉龐背後，有一萬首悲傷的歌曲。社會大眾與報章媒體總是追捧著成功者的神話故事，所以我們經常只會聽見成功

者意氣風發的凱旋樂章，卻很難欣賞失敗者口中低吟的悲傷曲調。

　　別被成功者的神話故事蒙蔽了眼睛。任何一段成功故事的背後，都有其天時、地利與人和因素，若未能瞭解他們成功的背景與其曾走過的那段路，我們很容易就會迷失在傳播媒體搭建起來的空中樓閣裡，即使外表看來如此繽紛燦爛，卻可能一觸碰後旋即崩塌粉碎。

　　如果你不是真的那麼喜歡「遊戲開發」這回事，如果你只是因為追逐趨勢而選擇投入APP產業，那麼當它的流行熱潮褪去，不再受人追捧而成為過氣風尚之後，你是否會後悔自己選擇的這條路？

　　別盲目追隨大師、神人或偶像說過的話，先回到自己的內心想想初衷為何吧！

10.以為創業就可以安心做自己

　　「我很害羞內向，不擅與人溝通相處，我只想默默地做遊戲。」

　　遺憾的是，這條路行不通。

　　跳出你自己預設的框架，說出你的心裡話。身為創業者或獨立開發者，你需要參與社群，認識其他行走在這條路上的旅行者，聆聽他們的經驗與忠告。大聲說話，即使有時會面紅耳赤，有時會遭受質疑與反駁也無妨。

> 踏出你的舒適圈，別擔心失足，因為這絕不會是你的第一次
> 失足或最後一次失足。

這是個沒有秘密的年代，你所做過的一切事情，都會在網際網路上以文字、照片或其他形式留存於世。在所有人想盡辦法爭奪眼球注意力的年代裡，「誠實」遠比以前更為重要，惟有誠實才能帶來信任。失敗可以重來，失去信任卻難以挽回。

最後一次，問問自己這些問題

如果你已經克服上述10點障礙，但心中仍有莫以名狀的顧慮，無法百分百確定自己是否適合走上APP遊戲開發這條路的話，請問問自己這些問題：

你可以過多久沒有收入的日子？

當情況沒有照著原有計畫進行而變得艱困時，你會選擇放棄？

如果明知道贏不了這場仗，你仍願意繼續戰下去嗎？

第三關 三個大魔王

苦行僧：「在黑暗森林入口，有三個可怕的守衛，分別是『自己』、『時間』與『失敗』。」

3-1 第一個魔王：和自己對話

> **"**
> But I don't mind
> As long as there's a bed beneath the stars that shine
> I'll be fine, if you give me a minute
> A man's got a limit
> I can't get a life if my heart's not in it
>
> 〈The Importance of Being Idle〉-Oasis **"**

2010年3月的最末一日，踏出公司以後，正式離職。不僅暫時告別了公司體制，也一併切斷了我的日常規律的工作生活。

從前在公司上班的時候，每天早上七點三十分準時起床，盥洗整裝完畢後，騎著我的機車，買完早餐後進公司打卡。身為一名朝九晚六的上班族，不論昨晚熬夜到多晚才上床睡覺，我總是能夠在一樣的時間從床上躍起。

上課可以遲到蹺課，上班可不允許因為小小的心理或身體不適而遲到曠職。但即使眼睛睜開了，心裡卻不知道為何要睜開我的眼睛。於是每天帶著沒有神采的兩眼，從一個地方到達另一個場所，沒有問過一句為什麼，就這樣日復一日地走下去。

光陰，時而迅速、時而緩慢地流瀉而過。

剪斷偶線

高層主管看著離職單上的離職事由，簡短扼要地寫著「我想做遊戲」幾個字，於是詢問：「難道現在不是在做遊戲嗎？」

" 「不是我想做的遊戲。」我冷靜地回答。 "

離職的時候，我的心裡非常清楚，離開公司並不是被解雇、被資遣，也沒有別人的逼迫，而是完全出自於內心，由自己決定的一條路。對我來說，這並不是個太過於困難或掙扎的決定，反而是個勢在必行的選擇。

不論最終結果如何，都得由自己承擔，沒有半點怨天尤人的藉口。

我居住在新北市新莊區的老社區裡，白天時間的靜默氣息總是遠勝於喧囂嘈雜。在我承租的七坪大小的套房裡，有一張大床、一個小桌、一台電視機、兩部筆記型電腦、衣櫥、冰箱、衛浴設備，以及我自己。

似乎所有的人都是外地來此租房的工作者，一早便紛紛出門趕往其他地區上班了。在這裡，最常遇到的族群是老人與小孩。傍晚走到附近的運動場，會看到許多正在跑步的大叔，以及推著輪椅的外籍看護，正在用我不瞭解的語言熱烈地交談著。

「即使失敗了，只要我有心的話，相信很快可以找到下一份工作，回到遊戲公司上班。」心裡暗忖著。

但我沒有料想到的是，離開公司體制下的正常生活後，我立即被捲入了孤獨的漩渦之中。

美夢成真！？

我一向是個很能與自己相處的人。如果造物者將世界分為「喜歡社交的人」和「喜歡獨處的人」，不用花費任何一秒的考慮，就可以輕易地把我歸類到後者。從小到大，我一直是個即使整天不開口說上半句話，也能活得自得其樂的孤獨者。

在一個人的小房間裡，習慣打開那台老舊厚重的電視機，不是為了要看什麼節目而看，而是為了讓這個空間裡「有點什麼聲音」而開啟。拿著手中的遙控器，轉了幾輪，最後停在看過不下百遍的港片。搞不懂自己為何老喜歡重複看著相同的笑點，一轉眼兩個小時就過去了。

我是個嗜睡眠的人。前幾年在公司工作時，雖然時常可以熬夜做事或打混，但假日往往也會睡上大半天的時間。一覺睡到中午，簡單吃個東西後，繼續睡到晚上。所以在離開公司後，第一件想做的事情，就是讓自己的身體釋放積壓已久的疲憊與勞累。

睡吧，睡吧！再也沒有鬧鈴、沒有打卡鐘，也沒有遲到扣薪逼著我起床了！

從此以後，不需要在壅塞不堪的上下班時間，騎著機車穿梭車龍並

吸取廢氣，也沒有必要在捷運上忍受食物、汗水、香水等各種味道的無差別攻擊了。早上跑趟銀行，下午去逛書店，晚上打球運動，隨心所欲。每天的每一分鐘，皆由我自己掌控。

於是在不知不覺中，我的生理時鐘被調整成非得到凌晨一、兩點才睡覺，然後一覺睡到早上十點多才起床。有時氣候比較適合睡覺，我甚至會繼續窩在溫暖舒適的棉被裡打滾作夢。反正才瞇一下下，應該無傷大雅吧？

在這個窄小的空間裡，我平時工作用的書桌，與那張舒適的大床，無可避免地緊緊靠攏在一起。於是只要頭腦昏沈不振時，立刻會被大床吸引。原來是靠在床上，然後變成半坐半臥的姿勢，最後自然也就順理成章地進入夢鄉了。

從前在公司上班時，每天可以支配的個人時間只有下班後到睡覺前，這麼短短的五、六小時時間。而現在，一整天都是我自己的個人時間。簡直就是夢寐以求的成人夢想哪！

以前沒有時間看完的日本動漫畫，以及成堆列在清單裡卻從來沒有時間去購買去遊玩的遊戲，現在終於找到了出口。甚至連之前已經看過的《海賊王》，也從第一集開始看到第五十集。沒有「明天要上班所以不能做」的顧慮，更沒有「要加班趕進度一回家倒頭就睡」的可能，實在是太過癮啦！

66 然而美夢做久了，竟也會變成難以逃離的夢魘。 99

與自己相處，沒那麼簡單

在平常的生活裡，我們身處人群中，我們是公司也是社會的一份子，經常會忘記從本質上而言，每個人都是孤獨存在的個體。當你為了自己的理想與夢想，勇敢踏出第一步離開公司，亟欲開創自己的事業時，第一個會遭遇到的難關，就是「如何與自己相處」。

「如何與自己相處」這件事，與他人的意見無關，與金錢的多寡無關，更與你的夢想大小無關。習慣了每日的生活與社交，多數人可能沒有想像過如何與自己相處，也從不認為和自己相處會產生什麼問題。

事實上，有些人打從心裡「討厭與自己相處」，他們需要社交，需要與同事及朋友互動，不論是有心思的抱怨附和、無意義的聊天打屁，或是若有似無的調情曖昧，都是工作與生活中的一份小樂趣，雖然微小但是確實。人類是需要社交的動物，而這些人際的互動，的確能夠幫助我們調解工作上的種種苦悶與抑鬱。

在獨處的環境裡，當你身陷在程式碼的臭蟲陷阱中難以脫身時，不會有同事可以幫忙你，也沒有櫃臺總機小妹可以聊天，更沒有上司主管能用15分鐘找出你糾纏了整個上午的問題根源所在。

> **❝** 在這樣的氛圍下，若是耐不住孤獨，很容易就會自亂陣腳、迷失方向。 **❞**

除此之外，無論你擁有什麼樣的個人興趣與休閒嗜好，與自己獨處

的時候，一定會有很多很多的事物助長你的分心與拖延。然而，若你無法排除這些幫倒忙的事物，好好地與自己相處的話，即使你的心中有再遠大的理想，最終也只是看著時光虛擲，什麼也無法完成。

脫離泥沼的線索

剛從規律不變的上班族生活，轉變成隨心所欲的自由工作者時，最困難的課題就是怎麼讓自己的心靜下來，專注在工作上。為了突破此般困境，將自己的發條重新上緊，最好的方式就是轉換環境，遠離我的方寸之地與邪惡小窩。

" 於是，我決定到附近的圖書館想辦法找回自己的工作感。 **"**

這個時期，大部分的工作仍處於遊戲概念的發想階段，所以我只需輕便地攜帶筆記本與幾支筆，就足夠我做好自己的事情了。

時值五、六月期間，圖書館的自修室裡總是坐滿國中與高中學生，無論他們有沒有在唸書，至少桌上都擺滿了一本又一本的參考書。自修室裡的另外一個族群，年紀與我相仿或甚至比我年長許多，總非常認真地埋首書堆中，應該是為了公職或其他考試而努力奮戰的人們吧。在這樣的環境中，令人不自覺地認真專注起來。

除了圖書館以外，我也嘗試著在速食店的座位上進行工作。選擇速食店，為的不是那熱量極高的油炸食物，而是一隅可以安坐幾小時的空間。點上一份餐點，在店裡的一方坐上一個上午或是一個下午。只

要記得別坐在兒童遊樂區旁，也別坐在親親我我的學生情侶旁，平常日的白天，速食店是個舒適而不至於分心的環境。

重點不在於身處圖書館或速食店，而是在於遠離你的「溫柔鄉」，尋找一個安靜而規律的合適環境。即使在一開始時，你會不習慣那裡的氣氛，或甚至不知道該做些什麼好。如果是這樣的話：

> 就從「和自己對話」開始吧。心煩意亂的時候，就畫圖或寫字吧！

用你最擅長的表達形式，把心裡面川流不息的訊息流毫無保留地畫出來或寫出來。圖案與文字的表現，不拘泥於任何的形式或美醜，而關乎於讓自己的意識流傾瀉而出。惟有毫無掩飾、沒有保留地將自己腦袋裡與心裡的容器倒空後，才能騰出得以盛裝智慧的空間。

便利貼築起「紀律長城」

身處溫柔鄉的日子不斷流逝而過，待我驚覺之時，竟已渾渾噩噩地經過了三個月的時間。我的心裡只有滿滿的愧疚與罪惡感。為了戰勝自己的怠惰之心，我開始想辦法讓自己回歸紀律的日常生活。

半路心得？？？

好習慣的摧毀，只需要很短暫的時間；而為了撲滅壞習慣，則非得有長期抗戰的決心才行。沒有父母叫我起床，沒有老闆交付工作，做或不做，一切得靠自己的力量去完成。這件事並不容易，但它卻是成為獨立工作者或創業者，必定要突破的第一道關卡。

為了將自己從泥沼中拉出，我開始採用自創的「便利貼長城法」進行自我督促。方法是在每晚上床睡覺前，預先條列出明天應該達成的「每日待辦項目」，一項一項地寫在便利貼上，接著貼在房間的牆上。以我某天的待辦事項為例：

1.早上9:00起床
2.修改程式碼框架
3.跑步

隔天起床後，就按照便利貼項目一一實行，沒有先後順序之分。

　　然後在當天晚上，結算每日待辦項目的達成率。以上面的項目為例，如果只達成第一項和第三項，那麼當天的達成率就是66%。我給自己的獎賞與懲罰，就是以自己想玩的遊戲、想看的漫畫或想看的電視節目為獎品。若達到80%完成率，就可以做些額外的休閒活動；若未達成，則不可享樂。

　　剛開始施行「便利貼長城法」時，我設定的工作項目較少，達成條件標準也比較低，可以輕而易舉地達成設定的目標，讓我的每一天都有小小的成就感與充實感，也使自己根深蒂固的惰性能夠在潛移默化中，一點一滴的被剝除下來。

　　其中，甚至連每日的起床時間，也成了待辦項目之一。為了讓自己維持健全的身體狀態，正常且規律的睡眠時間可說是日常生活中的第一要務。最終，整整花費了二個月的時間，我才真正地將每日的作息時間，調整為晚上12點左右就寢，早上8點準時起床。至此之後，從不間斷。

> ❝ 自我紀律，是一名創作者能否持續創造優秀作品的關鍵特質，也是人生中最基礎且最根本的課題之一。想要驅逐惰性與種種惡習，最重要的前提是我們需得「對自己誠實」，學會和自己對話，並成為自己的主宰者。 ❞

　　在自己的心靈角落裡，我們是主宰一切成敗的王者。在這裡，沒有任何其他人的評斷意見，沒有任何外界訊息的干擾與捉弄：只有我們自己。審視並接納自己的缺點，承認它們確實存在著。接著拿出勇氣，面對自己內心的軟弱、無助與害怕，然後以行動破除它們。

　　是的，這並不容易，甚至格外艱辛，但我相信只要一點一滴逐日逐項地做出改進，即使是從微不足道的行動開始，只要持續不懈地去做，必定能夠喚回那個積極正面的閃亮自我。

3-2 第二個魔王：與時間戰鬥

> " 時間，永遠是輸家口中最偉大的理由。
> 夢想，在你說「沒有時間」的那一刻中槍倒地。 "

　　不知道各位有沒有這樣的經驗：在漫長的寒暑假或連續假日開始之前，雄心壯志地規劃了許多想閱讀的書籍及想完成的計畫，但一轉眼到了假期結束時，卻發現自己什麼事情也沒做，美好而珍貴的假期就這樣不留一片雲彩地溜走了。

　　或是你接受了主管交派的任務指示，必須在一個月內完成某項工作，然而卻到了最終期限的前幾天，才發現竟然還有許多細節項目仍待處理，於是只好開始燃燒小宇宙般地夙夜匪懈趕工？又或者你總是苦於無法提升自己的工作效能與做事效率？

　　怎麼會這樣呢？最初在擬定計畫時，不是覺得「二個月的時間很足夠了」嗎？當初自忖合理，甚至覺得游刃有餘的時程估算，為什麼到頭來還是讓我們疲於奔命？為何在許多情況下，我們總是無法達成原先設立的縝密計畫？

　　「計畫總是趕不上變化。」你無奈地說。

　　然而，所謂的「變化」到底從何而來？這一切的一切，究竟是命運

的糾葛，還是我們既生為人類就注定逃不開「時間」對我們的奴役？無論你的身份是學生、工作者或大老闆，只要你想進一步提升自己的工作效能並且改善工作成效，你就不能不認真用心地熟識它，我們這個章節的主角：「時間盒」。

打開敏捷開發的時間寶盒

　　我在閱讀敏捷軟體開發框架「Scrum」的文章時，第一次認識了「時間盒」（Timeboxing）這個有趣的術語。由抽象「時間」與有形「盒子」所組成的辭彙，有著強烈的對比，令人興趣盎然，並想進一步探索其中的奧妙。

　　在Scrum框架中，將每次從「交付工作」到「完成工作」項目的這個循環，稱呼為一次「衝刺」（Sprint）。每次「衝刺」的期限，大多訂立為2週至4週的時間。以使用Scrum流程的遊戲開發者來說，可依照遊戲專案的實際狀況，決定在每次「衝刺」中所計畫完成的工作項目，而這段2週至4週的期限，就是「衝刺」流程的時間盒。

> **❝** 在Scrum裡很重要的一個關鍵是，我們不能夠在「衝刺」執行的途中，加入新的工作項目，更不允許任意增加或減少「衝刺」的時間期限。**❞**

　　時間，是固定不變的。就像是把名為「時間」的玩意兒，一絲不苟地傾注入每位工作者的「盒子」裡一樣，我們必須全心專注，必須分毫不差。

「為何選擇2週到4週這麼短的時限呢？」

對遊戲開發者來說，有許多工作項目很難在短暫的幾週內就可以見到立竿見影的具體成果。特別是當專案剛啟動時，在遊戲引擎與編輯器的設計建置程序上，往往曠日費時，甚至需要花費一到二個月的時間才能略有小成。所以，若我們擬定2週如此短的時程，會不會太過於不合理呢？

在Scrum日常運作中，有一項很重要的程序名為「每日站立會議」：在每天早上工作開始之前，整個團隊必須花費15分鐘左右的時間，以「站立」的方式交代每個人的工作及所遇到的問題。可能有人會懷疑：為何這個每日工作會議，一定要以站立的方式進行？大家拉張椅子坐下來好好談，這樣不會比較好嗎？

之所以要讓大家站著開會，就是為了確保會議的敏捷度。我想只要有經歷過開會程序的人都知道，在會議中我們最怕的就是冗長、無意義又沒完沒了的發言。無論原因為何，當會議失去原本應有的效用後，就會侵蝕每位與會者的寶貴工作時間。因此在「每日站立會議」中，當團隊成員開始出現「站立難安」的情形時，主會者就該意會到這場會議已經偏離了原來的方向，必須回歸正題並加速進行。

工作，不僅要求成果，還必須追求越來越高的品質。我們知道在遊戲開發領域中，為了達到理想的品質，無論是遊戲美術、遊戲設計或遊戲引擎的製作，都需要投注相當大量的時間與心力，才有機會達到一款優秀遊戲作品的水準等級。但回過頭來想想，任何一項工作項目，究竟應該安排多少時程才合理呢？是一星期、一個月或三個月？標準到底在哪裡？

如果你認為只要投入更多的工作時間，就能夠得到更好的成果品質的話，你可能忽略了「報酬遞減定律」（Diminishing Returns）造成的影響效應。如圖所示，當我們投入時間心力去進行一項工作時，一開始所能獲得的報酬成長幅度相當快速；然而一旦到達某個臨界點後，我們所能得到的報酬就會迅速地趨於平緩。這裡所謂的報酬，也就是我們投入開發時間後所獲得的成果品質。

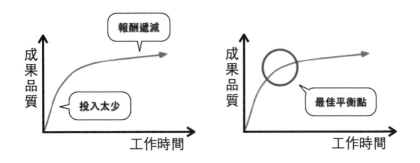

忍術奧義

許多遊戲開發者經常掛在嘴邊的話是：「如果再給我幾星期或幾個月的時間，我一定能夠做出更棒的東西。」是的，只要給我們再更多一點的時間，我們一定能夠將遊戲的品質不斷向上提升。對於完美品質的追求，是沒有極限存在的。但請別忘記，除非你是活在虛擬世界中的可愛人物，否則對我們每個人來說，最珍貴但也最有限的資源就是：「時間」。我們真正要做的是在合理的時間內做出最有效的成果。

你我都沒有無限的時間可用，時間盒能帶給我們有效而合理的限制，幫助我們戰勝拖延、克服惰性，並且激發潛力。由此可知，Scrum「衝刺」流程制定短為2週、長至4週的時限，正是為了取得「品質」與「投入」兩者之間的平衡點。

讓時間的實體現形

無論是在個人學習或職場工作的層面中，只要我們得到意見回饋的頻率越高，改良進步的機會也就越多；改良進步的機會越多，最終成果的品質也會更高。

如果你是一名跆拳道選手，但你的教練每週只有一天的時間與你一同練習，自然比不上一週七天的共同練習所能得到的效益來得多。因為當教練在選手身旁時，可以立即提供選手各項重要的修正意見與想法回饋。

遊戲開發亦然。

身為遊戲開發者，如果在接受工作任務後，只是自己悶著頭去做，完全不理會外界的訊息回饋，苦幹了幾個月後，才將最終成果交給上層或玩家檢驗。萬一不幸這些成果與實際期望不符，不僅造成開發時間的浪費與團隊士氣的打擊，也不得不付出的更大的代價進行修改。

在傳統的遊戲開發流程裡，常會將專案里程碑（Milestone）的檢核點時程，制訂為2個月或3個月的期限。舉例來說，如果我們將檢核

點時程訂為2個月，以一個為期2年的遊戲專案來說，共計會經歷12次檢核點。而若採用Scrum每2週一次的「衝刺」流程，在2年內將可經歷48次檢核點。採用Scrum流程所獲得的回饋次數，足足是傳統開發流程的4倍之多！

> 開發時程：2年
>
> Waterfall傳統流程：2個月，共計12次檢核點。
>
> Scrum衝刺流程：2星期，共計48次檢核點。

　為何在敏捷式軟體開發的領域中，會如此強調「迭代性」（Iterative）的重要性，正是因為迭代循環的次數越多，我們獲得回饋與改善的機會也就越高。只要制訂出合理的時間盒期限，就能夠有效地縮短開發流程的循環時間，使專案領導者能夠敏捷迅速地掌握各種變化並做出應對。

> 當我們面前擺滿了好幾項工作任務時，在可以自由選擇執行順序的情形下，我們往往會選擇先做「自己喜歡的事情」，而不是去做「真正重要的事情」。因為那些所謂「真正重要的事情」，可能很繁瑣、很沈悶，或者很艱難，所以我們自然會想先從簡單又有趣的任務開始著手進行。

　有時候，先做哪些事並不會造成多大的差異；但有些時候，卻會造成無可挽回的悲劇。

　例如，對於遊戲程式設計者來說，最有挑戰性也最有樂趣的工作任務，經常是去鑽研遊戲畫面與視覺特效的相關技術。但如果只是醉心

於高階Shader的炫目應用，將遊戲樂趣元素的驗證擺在後頭才開始進行，或不願製作能大幅提升美術設計者效率的工具，如此不僅會造成專案風險的升高，也無法對開發團隊達到最有效益的貢獻。

所以，當你下次在規劃暑假計畫時，不妨將原來的「二個月」長期計畫，更換為數個「一星期」短程計畫，不但能更敏捷地獲取回饋，也可更迅速地見到成果。

而在我們的計畫藍圖中，除了規劃工作項目與執行細節之外，更關鍵的要點在於定義計畫目標。

各項計畫怎麼樣才算是完成？做到什麼程度才叫成功？計畫的目標，必須要定義出明確的「完成期限」以及「可量化標準」，才能夠真的算是一項完整的計畫目標。

> 自嗨式計畫vs.時間盒計畫
> 自嗨式計畫：我要在2個月內讀完《Code Complete》！
> 時間盒計畫：我要1星期閱讀50頁《Code Complete》，並將閱讀過的內容做出重點摘要與心得筆記。

「萬一失敗了怎麼辦？」在制訂時間盒與明確的目標後，如果沒有達成計畫的話，該如何是好呢？就來開個檢討會議吧！

請放心，這裡沒有任何其他人，這場會議只有你和自己的內心，所以不用害羞也無須困窘，老老實實地對自己說出「為什麼」。「因為我看了太多電視影集。」、「因為最近和男朋友吵架。」、「因為很

多很多的原因……」不需要向誰解釋失敗的理由與藉口，自我反省後重新出發，制訂並修改新的時間盒計畫。

如果不甘心的話，請拿出實際行動證明吧！

小心潘朵拉之盒

就像老闆、核融合或電玩遊戲一樣，時間盒既然可以被使用在好的地方，它也可以搖身一變成為邪惡的壞傢伙。

某些身負管理職責的工作者，在認識了時間盒與Scrum框架流程的方法後，便開始制訂出相當嚴格而不合理的工作時程：「2週完成10隻角色的骨架動態！2週完成100隻怪物的數值設定！2週完成地形場景系統！所有的一切都是2週完成，簡直是太棒啦！」

只要是意識清醒的人都知道，以上的種種美好想像，只會存在於你的幻想世界中。

時間盒的關鍵，在於「品質」與「成本」之間的平衡。

所謂的成本，也就是每位開發者投注其中的時間精力。如果訂立了太短的時間盒，那麼最終完成品的品質將會變得太低；而若是訂立了過長的時間盒，則開發者可能會將時間精力耗費在不重要或優先順序較低的工作任務上。

如果你認為只要縮短了每項功能的製作時程，就能夠加入更多的遊戲功能以及更多的遊戲內容，想必是生活得太過於天真浪漫了。有句話說：「生命自會找到出路。」對於工作者來說亦然如此。

　　痴心妄想的開發期限？等著看最後出包的是誰。一開始就知道無法達成的時程？等價交換守則的另一端叫做「品質」。到最後，看來成果豐碩的「任務完成清單」，可能只是堆積著數量龐大的半調子內容罷了。

　　「品質」與「成本」分別位於天平的兩端，如何平衡兩者的份量，是所有管理者必須時時刻刻悉心照料的重責大任。請記得在大多數的情況下，我們的目標不是追求極致，而是力持平衡。

　　除了假期計畫或工作排程之外，你是否還有其他更長期的人生規劃呢？「我要在一年後成為專業的遊戲程式設計者。」或是：「我要在五年內存到人生的第一桶金！」又或者：「我要在畢業前追到那個我喜歡的女（男）生！！！」無論你的夢想是什麼，只要善加利用「時間盒」，確實地執行各項計畫，必可無往而不利。

3-3 第三個魔王：提早面對挫敗

> 在投入一切金錢、時間與資源製作「自己夢想中的遊戲」
> 前，更應優先考慮「自己能做出來的遊戲」為何。

「我想讓所有的玩家，更加瞭解遊戲開發的過程！」人家還記得第二關裡的第一號專案嗎？一開始僅僅抱持著這樣純粹的念頭，發想出《當個遊戲製作人吧！》遊戲案，也寫好了初步的遊戲企畫設計概念文件。但是我的下一步，到底該怎麼做才好呢？

是否該先以概念文件為基礎，進一步寫出透徹詳盡的遊戲設計文件？或者先開始動手撰寫程式碼，做出個可以執行的遊戲程式再說？還是應該先找到願意投入此專案的伙伴，然後再一起進行遊戲開發呢？

我的專長領域是「程式設計」，以前在公司擔任的職位是「程式設計師」，對我來說，最直接也最擅長的起步方向就是從撰寫程式碼出發。而如果你的專長領域是「企畫設計」，專門發想及設計遊戲專案的話，想必對你來說，最拿手的工作就是將一、兩頁的概念文件，向下拓展成為數十頁、甚至多達百頁的詳盡遊戲設計文件。

無論從事什麼事情，選擇從自己擅長的方向著手進行，是再自然也不過的直覺反應。然而，在遊戲開發領域中，若沒有經過深思熟慮作

出決定，只是單純從自己最擅長的事情開始做，未必是最正確的做法；有時候，甚至是有害而無益的作為。

「紙上」談兵

為了驗證《當個遊戲製作人吧！》的遊戲設計概念是否有足夠的可行性及遊戲樂趣，我決定先著手製作「遊戲雛形」。

我的「遊戲雛形」並非以程式碼撰寫而成，而是採用「紙上雛形」（Paper Prototype）的形式呈現。所謂的「紙上雛形」，指的就是以紙、筆、卡片、骰子等等，於生活中隨手可得的文具用品製作出來的遊戲原型。

為何不以程式碼的形式，實際撰寫出遊戲雛形呢？因為相較於紙筆原型的製作方法，撰寫程式碼需要投注更多的時間精力，光是為了建立起初始的程式架構時，便會耗費許多時間。事實上，許多遊戲概念的設計與檢驗，無須經過繁複程式碼或精美的美術圖片，只要利用我們所有人與生俱來的原始本能「寫字」與「繪圖」，即可達到相仿的成效。

或許你和我一樣，寫字的筆跡從就讀小學後就沒有進步過，畫圖的才能也停留在10歲左右的程度。沒有關係，那不是重點。在這個日常生活已被電腦及數位用品佔據的時代裡，許多人經常忘記，最好用也最實用的工具，反而是自己的雙手做出的美工勞作成品。

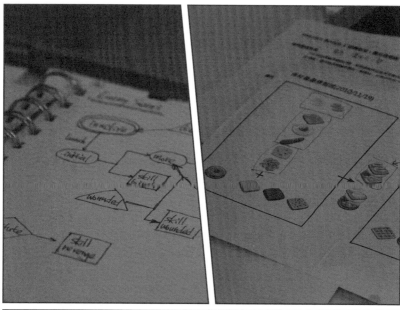

半路
心得

誰說遊戲設計一定非得撰寫程式碼不可呢？請拿出紙筆，釋放你的想像力，將你腦袋裡的想法，全部轉化為文字、圖案與數值，試著以最純粹的方式，孕育出你心目中的精彩遊戲吧！因為你必須要先確定這個遊戲機制確切可行。

並非只有懂得程式語言的人，才能夠設計及撰寫遊戲。當你的腦袋中有個絕妙的遊戲概念時，先別急著立即動手撰寫程式碼，也別苦苦等待會撰寫程式的人來幫你實現願望，先重拾你的筆記本、鉛筆、蠟筆與骰子吧！

初覓伙伴

製作出了簡單的「紙上雛形」後，我對《當個遊戲製作人吧！》遊戲專案的前景與發展，也越來越有自信心。下一個關鍵，就是必須找到願意與我同心協力製作遊戲的伙伴。

在遊戲開發的領域中，有三個不可或缺主要角色，分別為：企畫設計、美術設計與程式設計。以我來說，遊戲的程式設計可由我一人負責，而遊戲的企畫設計可由團隊中的成員共同負責，所以目前我最急迫需要的伙伴成員，就是美術設計者了。

當時我仍未離開公司時，認識了四位從事美術設計的同事，在我向他們探詢意願後，得知他們對於我想要製作《當個遊戲製作人吧！》

這個遊戲專案的想法頗感興趣，於是我就利用下班之後的時間，與他們詳盡地說明我心目中的遊戲概念與設計想法。

經過幾次說明以及「紙上雛形」的展示後，他們雖表達出某種程度的興趣，但很可惜的是，我一直無法獲得他們確定與我共同投入遊戲專案的決心。我們當不成伙伴，雖然使我的心情有些低落，但我也很清楚這件事情完全沒有勉強的空間，只能重新振作起來，另行尋覓志同道合的伙伴。

事後分析未能順利招募這四位美術設計師的原因，主要有三項：

1.他們擁有平順穩定的正職工作：

一般而言，遊戲業的工作時數不短，所以在下班之後，做點自己喜歡的事也是無可厚非。玩自己喜歡的遊戲是輕鬆愉快的事情，做額外的工作卻是辛苦且沒有酬勞的差事，兩相權衡之下，若沒有提供足夠的動機和誘因，勢必會在未來的開發過程中遭遇許多阻礙。

2.我的王道不等於他的王道：

因為這是由我發想的遊戲專案，所以我自然對於這個專案有著極大的熱誠，但他們並沒有。在遊戲業中的工作者，我想大多數人應該都有自己喜歡的遊戲類型，以及夢想中希望有一天能做出來的遊戲作品。我們的喜好並不相同，我的熱誠，不等於他們的喜好與夢想。

3.彼此缺乏合作動機：

這個遊戲案的源起與目標，與上班工作的情形大不相同，我無法付出任何薪水酬勞，更不能以命令的方式交付工作任務。我與他們除了

在公司的工作場合相識之外，並沒有深入來往及交談，我完全不瞭解他們的個性與喜好。即使沒有說出口，但我知道他們無法相信我，我也無法使自己被他們相信。

結果就是我未能說服他們加入。

對於選擇走上獨立遊戲開發，或事業開創之路的人來說，「找到合適的伙伴」這件事，是遠比技術、資金、市場等等更難以克服的艱難問題。若你目前仍是在學的學生，我會建議多結識其他對遊戲開發感興趣的同學。在沒有什麼利益衝突的學校環境中，是認識合作伙伴的最佳時機點；也許和你同寢室的同學，就是你未來的遊戲開發伙伴。

而對於目前已在遊戲業界工作的人來說，不論你身處研發或營運部門，只要有機會都該盡可能去認識其他部門的同事或其他公司的同業。沒錯，有些人與你相處不來，有些人永遠不會成為你的摯友，但若能夠認識不同專業領域的人，不僅能夠增長知識，也會對於未來的職涯發展有很大的幫助。

> 在萌生離開公司的想法之前，我從未想過我需要伙伴，更從來沒有想過我需要去「說服他人」，以及在我一無所有的時刻，如何去取得他人的信任。

若將來你想踏上開創事業或獨立遊戲開發之路，請捫心自問：「當你沒有資金、沒有作品、沒有成功經歷時，要如何說服伙伴加入你的團隊呢？」

第一名伙伴

是的，我沒有任何資金奧援，也沒有顯赫的資歷與頭銜，只有一個完全稱不上成功的APP遊戲作品《藥水行動》。而這個不起眼的作品，為我帶來了第一名伙伴。

在個人部落格「猴子靈藥」上公布了我離開公司的訊息後，非常意外地收到許多認識的朋友與不認識的網友的問候與祝福。有些朋友看到我先前做的遊戲APP《藥水行動》，便來信探詢我是否有合作的可能性。

在許多次的會面認識與信件來往後，我遇到了一位名為「唐學豪」（Zack）的美術設計師。初次見面時，Zack與我相約在咖啡館。相較於我的寡言，他是一位很能講話的人。他給我看了他過去參與製作的遊戲作品與美術圖片後，我們從彼此的遊戲業界經歷，談到各自喜歡的遊戲作品，談到各種黑幕與八卦，從下午一直聊到晚上，竟然足足談了八個小時之久。

在他的眼中，我見到了熾熱的火光。他具備相當優秀的美術設計專業能力，他擁有實際作品與製作iPhone遊戲的經驗，他沒有必須在短時間內賺大錢的經濟壓力，他有著不和現實妥協的反骨傲氣，他和我一樣相信做遊戲可以出頭天—他，就是我要找的伙伴。

我的心裡認定「就是他了」。於是，Zack便成為這條小小海賊船上的第一位伙伴。

「球，不是一個人踢的。」即使你的能力強大如《航海王》中的主

角魯夫，可以一拳把面前所有的敵人和阻礙揍飛，但若沒有找到能力可以互補的伙伴，沒有船醫、沒有廚師、沒有領航員，你的小船很快就會在海上沈沒。

> 66 一個人的海賊船，無法航向偉大的航道，遊戲也不是一個人可以做的。 99

及時挫敗

在向他闡述《當個遊戲製作人吧！》的遊戲概念並展示紙上雛形後，Zack欣然同意與我共同製作這個遊戲專案。終於找到能認同我的想法也能相信我的伙伴，真是太棒了！

他畫圖、我寫程式，我們預計花費三個月的時間，以卡片經營類型的遊戲為方向，做出初步可在手機上執行的遊戲程式。在這段期間裡，Zack和我大多透過網路通訊軟體溝通討論，每一至二週見面一次，面對面討論對於遊戲的想法以及目前的工作進度。

在美術圖片未完成的情形下，我先製作出了一個粗糙簡略但可在iPhone手機上運行的原型版本。然而，經過一次又一次的討論，眼看著三個月的期限就快到了，我們仍然時常修改設計，始終找不著施力點。更糟的是，Zack抓不到這款遊戲應該採用的美術風格為何；找不出合適的美術風格，便無法全心繪製圖片。

Zack和我開始質問自己這樣的遊戲設計是否有趣，開始懷疑這樣的遊戲題材是否會有玩家喜歡。我們卻步了。雖然我嘴上不願意承認，

但心裡已經非常清楚，這個專案已經陷入困局。我一切的希望都寄託在這個專案上，不知該如何是好，失去了方向。

> 以卡片類型的遊戲來說，由於需要許多不同種類的卡片，因此將會需要數量龐大的美術圖片，但美術設計者只有Zack一人，對他來說，這項要求太過於苛刻。
>
> 而以經營類型的遊戲來說，需要精密設計的數值設定以及人工智慧的邏輯判斷，這些是我於先前的業界經驗中，沒有充分學習過的知識，勢必得花費非常多時間深入研究，才能得出良好的成果。

回過頭來看，這場挫敗來得及時。問題根源的主要癥結點，在於我們挑戰了一個過於龐大的目標，這個目標遠高於我們兩人在三個月之內所能達成的程度。簡言之，《當個遊戲製作人吧！》是個超出Zack與我兩人能力所及的遊戲專案。

雖然我與Zack的想法相當契合，但在不熟悉彼此擅長之處的情形下，貿然挑戰「夢想中的遊戲專案」，只能說是一項過於天真而有勇無謀的行為。我沒有體認到專案規模的大小，並過度高估自己的能力，是我在這場挫敗中犯下的嚴重錯誤。

在投入一切金錢、時間與資源製作「自己夢想中的遊戲」前，更應優先考慮「自己能做出來的遊戲」為何。在發想遊戲概念與遊戲機制前，首先要認識自己、認識伙伴，知道彼此的長處與短處，深刻體認自己的極限在哪裡。

從「小」開始，先做個最小規模的遊戲開發專案吧！

第四關 意料外的苦戰

劍客：「每次出招都是一次生死抉擇，意外正是這個戰場的本質。」

4-1 第2號專案：邦妮的早午餐

> *如同人與人之間的相處，遊戲作品帶給玩家的第一眼印象，往往是建立在外表之上；而不夠專業的美術設計，不僅無法為遊戲整體帶來加分效果，更會讓玩家覺得遊戲品質的水準不足。*

自從我的第0號專案作品《藥水行動》在App Store上市以後，雖然遊戲本身的銷售成績極為慘澹，卻也因此為我打開了一扇機會之窗。透過我的個人部落格「猴子靈藥」裡的聯絡信箱，每週總有人捎來各式各樣的問候信件，探詢我對於遊戲開發專案及其他領域的合作意願。

最常見的情況是：一般行業的公司，如設計業、廣告業及食品業等等，想發案外包一個玩法簡單且具有遊戲樂趣的APP，藉以打響他們公司的知名度。另外有些人，懷抱著對於遊戲製作的理想與憧憬，向我提出他們的遊戲概念，希望請我加入他們的開發團隊。自《藥水行動》上市後，這類的信件便不斷出現。

打從一開始離開公司，決心投入獨立遊戲開發後，我便抱持著「不接外包，不做代工」的堅決態度。若接受外包案的委託，能夠獲得一些收入，不至於落入完全沒有金錢進帳，存款數目只降不升的狀態；然而，我也非常清楚自己的情況：

> ❝ 若以外包案的方式製作遊戲，想必難以達到我的唯一目標：
> 做出好玩的遊戲。❞

因此我在收到這些來信後，一一向他們致謝，並婉拒了邀請。

除此之外，有了之前的開發經驗後，我深刻體會若想製作具有國際水準的遊戲作品，遊戲本身的「外貌長相」，也就是遊戲「美術設計」的層面絕對佔有非常重要的地位。所以為了朝向更高的目標邁進，做出更專業的遊戲作品，接下來的第一步，我勢必得先找到能力高強、經驗深厚，且願意與我共同合作開發遊戲的美術設計者。

初識樂風

有一天，我在常逛的遊戲網站「巴哈姆特電玩資訊站」上，偶然看到一篇非常專業深入的遊戲開發者訪談文章。接受訪談的對象Louis Lu，是一名在美國工作的台灣人，他的職業是遊戲美術設計師，在相當知名的遊戲公司任職，曾參與過知名動作冒險遊戲《戰神》（God of War）系列製作，並擔任其中非常重要的角色美術設計與場景美術設計師一職。

看到他接受訪問的內容，提到國外遊戲工作的種種心得感想，令我十分欽羨且心嚮往之。其中，讓我印象最深刻的兩段話是：「你願意重做一個東西50次以上嗎？」「一個團隊要成功，人是最重要的關鍵。」看完這篇令我熱血沸騰的文章，為了表達我的敬意，我決定主動寫信給他，希望能與他交個朋友。

我們來信往返了幾次，相互交換在遊戲業界工作的心得，他便提到先前也有在正職工作外參與過iPhone遊戲的開發。接著他提到他以前念書時結識的同學，在一間三人組成的美術工作室，最近想要嘗試製作遊戲APP，詢問我是否有意願和他們接觸。

就這樣，在這塊無心插柳的土壤裡，開始冒出綠色的新芽。

Louis向我介紹的朋友公司名為「樂風創意視覺」，是間專門製作美術素材資源的小型公司，也就是遊戲業俗稱的「美術外包工作室」。在「樂風」裡，僅有三位核心成員：陳厚璋、陳厚逸及溫韻華。厚璋是公司負責人，處事幹練且條理分明；厚逸擅長角色設計，個性沈穩內斂；韻華活潑多言，是向外接洽各項事宜的專案負責人。他們三位不僅是公司的創始人，同時也都是具有多年實戰經驗的資深美術設計師。

與他們見面會談過幾次之後，最終我決定與他們一起合作製作一款遊戲。

為何會在許多不同的合作機會裡，選擇與他們共同合作？首先，要開發一款遊戲，最基本的成員組成，至少必須有一名程式設計師及一名美術設計師。對於身為遊戲程式設計師的我來說，在過去的業界經歷中並沒有認識交情很好的美術設計師，實為遺憾之事。這也是我決心脫離公司體制，邁向獨立遊戲開發所遭遇的一大挑戰。能夠認識像他們一樣具有深厚經驗的美術設計師，是所有程式設計師求之不得的事。

> **"** 再者，在初次見面時，他們就明確提出希望雙方以「合作」
> 而非「外包」模式共同進行遊戲開發。**"**

不是「程式外包」，更不是「美術外包」，而是雙方合作。所謂的「合作模式」，意指遊戲開發的利益共享與風險同擔，在開發過程中不支付薪資費用，直至最終成果賺錢獲利後，再依當初約定的比例拆分利潤。在最終遊戲成品上，也會同時掛上「樂風創意視覺」與「猴子靈藥」雙方的品牌名稱。

在我的想法中，我一直相信若要做出會讓自己感到驕傲的好遊戲，必定需要灌注「靈魂」於其中：不只是專案領導者，而是所有團隊成員的靈魂。

若是採用拿錢辦事的「外包模式」進行工作，很容易會流於交差了事或是相互剝削的狀態。這並不是我樂見的情形。

合作模式，意味著雙方都必須承受更大的風險，有可能在付出大量的心力之後，成果不如預期，什麼利益也沒能獲得，最終不歡而散，這是很有可能發生的結果。但這種「真正的」合作才是我期待的遊戲開發模式，更是一段我願意全力付出、全心接受的冒險旅程。

要做什麼遊戲呢？

從「樂風」展示的作品集裡，我知道他們在公司成立的七年期間，曾承接過國內國外、2D或3D、人物與場景等等各式不同需求與風格

的美術外包案。在美術設計的領域中，能夠維持七年之久的公司運作，想必他們應是可以信賴的專業美術設計師。

那麼我們的首次合作案，要做什麼樣的遊戲呢？對我而言，我的要求有二：

> 第一，開發小型規模的遊戲案。
> 第二，要做可以邁向世界舞台的遊戲。

我並不奢求開發我夢想中的遊戲，也不期望重新製作先前失敗的《當個遊戲製作人吧！》專案。我只希望這是個規模很小的專案，但必須以國際市場而非僅以台灣或華文市場為目標。

在剛認識不久，彼此都不知道對方的個性與能耐的情勢下，貿然決定合作規模較大的專案，是一件猶如走高空鋼索般非常冒險的事情。就像談戀愛的過程，兩人剛進入熱戀期的時候，必定是濃情蜜意化不開；但一段時間以後，在彼此相處的過程中，才會真正發現兩人對於彼此難以忍受的個性與習慣。

除了個性與相處問題之外，在工作上需要檢驗的問題還包括：

> 方向和目標是否一致？
> 是否能夠如期完成工作進度？
> 工作成果是否有優秀的品質？
> 發生衝突時如何反應及解決？

忍術奧義

> 在合作模式中，我們不能矇起眼睛、遮住耳朵，然後假裝這些問題完全不會發生，而是必須從一開始時就非常重視彼此間的溝通與協調，並在整個遊戲開發的過程中不斷調整及檢驗。別因為忽略了一時的小問題，最後卻演變成專案中的大災難，那就得不償失了。

所以一開始先從小型專案做為合作的起點，應該是正確的方式。

但回到先前的問題，具體來說，究竟要做什麼樣類型的遊戲呢？

幸福早餐，脫穎而出

我認為剛開始發想遊戲專案時，若只有單一一份企畫案，會使我們的想法侷限在非常有限的範圍中，而忽略了其他更寬廣的可能性。所以我便請他們以目前所構想的遊戲概念，提出三份不同的遊戲企畫案。然後我們再一起討論商議，從其中選擇最合適的專案執行。

結果，我獲得了三種截然不同的遊戲企劃提案：

66
企畫案1：「二次大戰」
遊戲類型：蓋塔防守
概略敘述：一般常見的塔防類型遊戲，以第二次世界大戰做為主題，遊戲中會出現士兵、槍械武器及車輛載具等等。
99

> 企畫案2：「外星入侵」
> 遊戲類型：射擊反應
> 概略敘述：類似打地鼠類型遊戲，外星人會從場景中的不同地方探出頭來，玩家必須抓準時機瞄準他們，擊倒這些入侵地球的外星人。
>
> 企畫案3：「幸福早餐店」
> 遊戲類型：餐廳經營
> 概略敘述：類似餐廳服務類型遊戲，場景設定在販賣早午餐的行動餐車上，會出現許多客人點餐，玩家需做出對應的餐點以滿足客人。

第一企畫案「二次大戰」，因我沒有製作塔防類型遊戲的經驗，經過評估後，我認為在程式設計上的難度較高，可能得花費許多的開發時間。此外，在iPhone上已有相當多此類型遊戲，競爭者眾多，而且遊戲的數值平衡與關卡設計，也需要經驗豐富的遊戲企畫師才能調校出好玩的成果，所以這個企畫案並不適合做為我們的第一款遊戲。

第二企畫案「外星入侵」，預計採用美式風格的卡通畫風，遊戲核心機制與《藥水行動》相仿，簡單來說是個打地鼠遊戲。理論上應該可以用既有程式碼為基礎，迅速完成這款遊戲。但是經過之前的經驗，除非有一些比較創新有趣的遊戲玩法，否則我對於製作類似的打地鼠遊戲，實在提不起什麼興致。

最後，我們決定做第三企畫案「幸福早餐店」。提出此案的概念發想者是「樂風」的韻華，她自己就是一位很喜歡玩餐廳經營類型遊戲

的女性玩家，以前玩過了數款此類型的遊戲，因此對於餐廳經營遊戲有一些獨特的見解。另外，若可以將此款遊戲的目標族群鎖定在「女性玩家」上，我也認為是個非常值得嘗試的選項。

遊戲概念的發想、設計以及製作方向，以「樂風」為主導，由溫韻華擔任遊戲製作人，不僅負責協調美術、程式及音樂等各項工作任務，也同時身負美術介面設計與遊戲關卡設計之責。而陳厚逸與陳厚璋，則共同擔任遊戲主美術設計師，設計及製作人物角色的造型與動態。我則負責程式設計並參與玩法設計的發想。

簽訂合約，歃血為盟

共同決定要進行的專案之後，非常重要但也經常被忽略的步驟，就是「簽訂合約」。

不論對於團體或個人來說，合約都是絕對不可輕視的保障。即使只是個二到三人的微型團隊，也應該在一開始時詳細擬定所有參與者應盡的義務以及擁有的權利。

簽訂合約，並非意味著雙方彼此猜疑、無法互信。相反地，合約代表著一份具體的承諾與信任。白紙黑字的文件，不僅具有法律上的效力，同時也是最擲地有聲的宣示，清楚告知雙方「我們是來真的」，絕對不是在扮家家酒玩玩而已。

最終成品的歸屬權，是合約中必須明確規範的首要之務。「樂風」

最初找上我的目的，是為了讓他們從一間專門做美術代工的公司，嘗試轉型成為一間具備遊戲研發能力的公司，所以一開始便協議最終遊戲產品的販售權利歸屬「樂風」所有。對我來說，這是合理且可以接受的條件。

除此之外，在合約中，有很多需要仔細斟酌的條款，其中較重要的項目包括：

> **"**
> 利潤分配比例：雙方可得的利潤，各為多少百分比？
> 付款時間：收到款項後，應於多久分配個人款項？
> 程式碼、美術圖片及其他產物的著作權是否歸屬原作者？
> 若未來將遊戲移植至不同平台，或著若有生產實體及衍生商品，利益該如何分配？
> 如有未能解決的爭議，以哪個國家的哪個法院做為法律訴訟依據？
> **"**

一起來做美味餐點吧！

我們將遊戲的主軸基調訂為「美食」與「旅行」，對於許多女性來說，這是兩項令人光是想像都會倍感心情愉快的美好事物。因此我們認為，以「美食」與「旅行」為主題的遊戲，或許能夠吸引較多女性玩家的青睞。

我們的遊戲概念是讓玩家開著造型可愛的行動餐車，在不同的國家與地區之間旅行，看著不同的景色，接觸不同個性的客人，以美味的餐點滿足所有人的味蕾。而為了做出歐美市場接受度較高的遊戲，我

們決定以「Brunch」（早餐與午餐）做為遊戲的主題。

「妳曾經夢想過開著自己的餐車到處旅行，販賣帶來幸福與美味的餐點嗎？」最終，這款遊戲命名為《邦妮的早午餐》：藉由邦妮這名喜愛旅行與做料理的小女孩實現夢想的過程，逐步帶領玩家進入我們打造的美味世界。

《邦妮的早午餐》遊戲的主要玩法機制是有許多客人到餐車前點餐，玩家的任務就是必須做出他們所想要的餐點滿足客人的需求。每位客人都有其等候餐點的「耐心值」，若玩家很快地服務客人，讓他們開心離去，便可得到更多的小費。每個關卡有固定的時間限制，玩家必須在這段時間內盡可能服務客人，分數到達標準後即可過關。

在遊戲的餐車裡，販售著常見的歐式早午餐食物，如貝果、可頌麵包、鬆餅、吐司、咖啡、牛奶等等，隨著關卡的進展，客人要求的餐點樣式會越來越多，各種食材之間的組合樣式也會越來越豐富。例如剛開始只能做簡單的烤吐司，但較後面的關卡就可以做出吐司加生菜、火腿和醬料等組合。

❝ 因為客人的動作及各種表現，會直接地影響玩家遊玩時的情緒，所以我們特別重視「客人」在遊戲中的「表演方式」。**❞**

遊戲中共製作了10種不同個性與特色的客人，包括：運動女孩、上班族、小男孩、小女孩、老婦人、名媛貴婦、男明星、數學家、美食評論家與、流浪漢。而每一位客人，都有5組不同的表演動作：

「一般」：進場時的一般動作。

「厭煩」：耐心值下降後，表情由「一般」逐漸轉為「厭煩」。

「生氣」：耐心值歸零後，客人便不再等待並生氣地離開。

「開心」：耐心值很高時，給予餐點會使他們開心離去。

「冒汗」：受到其他客人影響時的表情。

做出視覺上的表演與差異化之後，我們再從基本數值設定上，初步區分不同客人的特性，例如上班族因為趕時間之故，點餐速度很快且耐心值很少，而老婦人則是點餐速度很慢，但願意花費很長的時間等候餐點。

接下來，我們製作出幾組特殊的客人行為：

「名媛貴婦」：到場時，其他客人會開心地增加耐心值。但若未能快速滿足她，則會在過程中改變心意，改點其他餐點。

「美食評論家」：他會要求組合較為複雜的餐點，若能快速滿足他，則其他客人會開心地增加耐心值；但若讓他生氣離去，則其他客人也會跟著一齊離開。

「數學家」：在點餐之後，他會開始思考數學公式與符號，使玩家暫時看不見他的想法，因此必須記憶他所點的餐點。

「流浪漢」：到場時，其他客人會轉為「冒汗」狀態並使耐心值下降。他會要求比較簡單的餐點，但完全不會給予小費。

" 在遊戲的操控模式上，我們做了一個不同於類似遊戲的少見
做法：以「拖曳」方式給予餐點。相較於其他餐廳經營類型
的遊戲多以「點擊」方式製作食材並給予客人餐點，我們更
希望強調那份親自遞交到客人手上的「參與感」。 **"**

所以在經過實際測試與深入考慮後，我們決定採用拖曳的方式：餐
點組合完成後，玩家必須以手指拖曳的方式，將食物拖放到客人身
上。也正是這項微妙的操作差異性，使我們比起其他相同類型的遊
戲，玩起來更有一番不同的風味感受。

於是，《邦妮的早午餐》就這樣開始熱烈展開製作了。

「只要兩個月……不，最多三個月，一定可以完成！」

但真的會如此順利嗎？

4-2 第3號專案：
忍者聯盟參上！

> 故事的平行線，跳回與我合作第1號專案的Zack身上。此時
> 我們終於覺悟，一開始就挑戰如《當個遊戲製作人吧！》般
> 遠大的目標，並不是個明智的決定。對我而言，目前最重要
> 的事不是設法實現自己原先預想要做的遊戲，而是去做一款
> 我們兩人都想做，同時也可完成的遊戲作品。

　　自從我和我的第一名伙伴Zack認識後，我們前後花費了三個多月的
時間，投入在《當個遊戲製作人吧！》的原型開發中，試圖找出真正
的遊戲樂趣所在。然而，在這段開發期間裡，我們一直未能找到遊戲
的核心樂趣，而我也對於自己當初構思設想的遊戲企劃計案越來越沒
有信心。

　　眼看著專案進展已陷入僵局，我們兩人深感士氣受挫，這樣一直下
去不是辦法，更可能使我失去這位得來不易的遊戲開發伙伴。於是我
忍痛做出了大膽的決斷：暫停開發《當個遊戲製作人吧！》，先來做
款小遊戲吧！

　　好似回到開發「第0號專案」《藥水行動》般的心態，我們想從小
規模的專案規模出發，先求共同合作完成一款遊戲作品，再接著追求
更高的目標。我的目標是投入三到四個月的開發時間「以戰養戰」，
製作一款小型的遊戲APP，先獲得「實際完成作品」的成就感，並從

過程中培養我們的合作默契與工作流程，進一步提升團隊的士氣。

小遊戲，再出發

仍然是同樣的問題，那麼究竟要做什麼類型的遊戲呢？

就程式設計的角度而言，我一直很想嘗試製作考驗玩家反應速度的動作類型遊戲，這種類型的遊戲非常重視遊戲節奏與爽快感，是我之前從未開發或參與過的遊戲類型。同時身為遊戲玩家，我也很喜歡遊玩各種動作反應類型的iPhone遊戲。

此外，我很喜歡充滿東洋風味的「忍者」這項題材，因為忍者給人的印象通常是來無影去無蹤、出招迅速、使命必達，且身具許多神秘的忍術技能，可以發揮很大的想像空間，非常適合做為遊戲的題材。所以我們做出決定，共同開發一款動作類型的忍者遊戲APP。

我們的目標，在於做出一款簡單易上手，且流暢爽快的忍者動作遊戲，遊戲名稱就叫做《忍者聯盟》吧！

在遊戲操控方式上，我希望能夠妥善利用當時iPhone特有且新穎的「加速度計」（Accelerometer）裝置，以操控遊戲角色的前進方向。玩家無須觸控螢幕以操縱角色，而是隨著玩家手中裝置的傾斜角度，就可使角色往該方向前進。另外，當玩家滿足了一定的規則條件後，便可點擊畫面上的技能按鈕施放特殊的奧義招式。

玩家所需做的動作只有「傾斜移動角色」加上「觸控施放技能」，如此操控方式，當玩家身處人潮擁擠的捷運或公車上，即使另一隻手提著其他物品，同樣可以用單手順利進行遊戲，這就是我決定採用這種操縱組合的設計出發點。

關於遊戲所要採用的美術風格，我們經過一番討論之後，決定採用「2D可愛卡通化」畫風，主要幾點原因如下所述：

"「2D」而非「3D」視角：
因為Zack的專長是2D美術設計，他並不擅長3D美術設計，而且在程式設計的面向上，3D需要花費更多時間成本打造，所以我們決定專注在彼此最擅長的事上，製作2D視角的遊戲類型。

「可愛」而非「寫實」風格：
其實Zack本身擅長的是寫實且略具黑暗風格的美術設計，但在iPhone平台上，有更多以前從不玩遊戲的輕量級玩家，為了做出老少咸宜的遊戲，使用可愛Q版的大頭角色風格，更能吸引玩家目光。再者，在手機的小螢幕上，並不適合做出寫實細節過多的美術設定，這也是另一項重要的考量因素。

「卡通」而非「血腥」效果：
雖然我並不排斥玩那些血花四濺的遊戲作品，也很清楚許多男性玩家喜愛這樣的效果表現，但我仍希望我製作的遊戲不刻意強調血腥與暴力成分。採用類似於卡通動畫式的演出效果，讓敵人在遭受攻擊後逐漸變淡消失，這是我們認為合理的做法。"

與大多數以「進攻」為遊戲目標的動作類型遊戲不同，《忍者聯盟》的主要遊戲目標在於「防禦」與「保護」。玩家們所扮演的忍者角色，必須在一定的關卡時間內，斬殺來自四面八方的敵軍忍者，保護城堡大門不被敵人攻打而擊破。

　　在我的設計構想中，玩家無須使用「攻擊」按鍵，而是當玩家角色移動到敵人身旁時，他就會自動揮刀攻擊敵人，所以玩家要做的事情就是設法移動到敵人所在的位置上。玩家角色的每次攻擊都會增加其使用招式的「精氣值」，累積至上限後即可使用「小型絕招」或「大型奧義」一次對付一整群敵軍。

　　感覺會是個非常有趣且特別的遊戲，於是我們兩人開始著手進行遊戲開發，迫不及待想見到《忍者聯盟》的問世。

過多的創意

　　「如果我是老闆或製作人，我一定要這樣做。」

　　遊戲開發者們，或多或少都曾幻想著自己成為主事者的那天，將能夠如何實現腦袋裡的偉大理想。脫離公司體制，自行從事獨立遊戲開發，最大的夢想莫過於「一切可以照自己的想法來做」。對於任何一位遊戲開發者來說，可以完全照著自己的想法去做，可以說是想像中最美好的遠大目標。

　　我們兩人，也同樣因為這份自由而感到無比的興奮與雀躍。但當時我們並不瞭解：

對創作者來説，「沒有限制的自由」反而是最可怕的夢魘。

雖然使用「加速度計」玩遊戲感覺很酷又很炫，但若有玩家不習慣這樣的操控方式怎麼辦呢？於是我又製作了第二種操控方式，也就是在iPhone遊戲上常見的「虛擬搖桿」。玩家可利用出現在遊戲畫面左下方的圓形區域，進行類似於搖桿輸入的操作。「虛擬搖桿」的方式，缺少了操縱遊戲搖桿時實體裝置能夠給予玩家的反作用力，所以只能算是個勉強及格的做法，但在當時的iPhone動作遊戲上，是個相當普遍的做法。

為了符合遊戲名稱《忍者聯盟》，我設計了四個玩家可選擇的忍者角色，分屬風、火、水、土四個不同國家：除了外觀樣貌上的差別以外，四位忍者也必須具備獨特的「小型絕招」與「大型奧義」：

火之忍者：攻擊招式為主，施展「火牆術」與「火球術」。
水之忍者：輔助招式為主，施展「緩速術」與「冰凍術」。
土之忍者：防守招式為主，施展「地雷術」與「護盾術」。
風之忍者：速度招式為主，施展「疾衝術」與「暴風術」。

而敵人也應該具備各種有趣且奇特的行為與技能：

隱身術：在原地隱身不見。
替身術：變成木頭，位移到其他地方出現。
防禦術：手持盾牌，可抵禦正面而來的攻擊。
遁地術：從土中冒出突襲。
分身術：由一變多，化為多名敵人。

輕功術：穿上特殊草鞋，可越過一般敵人無法通過的地形。

為了想出四位忍者角色與各種敵人招式的視覺表現方式，並且搭配實際的遊戲功能，我們花費了非常多的開發時間溝通討論與嘗試實驗。除此之外，我們還計畫加入許許多多的遊戲內容，包括4名主要角色、3大場景地圖、20名敵人角色，以及頭目戰等不同遊戲模式。

「如果遊戲能讓兩人同時玩，會是多棒的事情呀！」

有了這樣的發想之後，我們試著加入「同機對打」（Head-to-head）功能，讓兩名玩家可各持iPhone的一端，在一台裝置上一起進行遊戲。然而，經過一段時間的努力後，我們發現這樣的玩法功能，會造成許多美術設計上的困擾與問題，例如原先採用「側視視角」的圖片，變成必須使用「俯視視角」的圖片，玩家在遊戲的過程中，幾乎只看得見角色的頭頂，這樣的呈現方式實在令人難以接受，於是我們就打消了製作同機對打功能的念頭。

這是我們兩人進入遊戲業以來，第一次可以「近乎毫無限制地」在一款遊戲專案中加入自認有趣的功能。最終結果就是越加越多的想法、設計與功能，每一項功能「想像中」和「感覺上」都會非常有意思，一定要把它們全部實做出來。於是，我們的創意不斷發散，卻找不到可以收斂的界線。

> **❝** 眼看著設計文件中的項目越列越多，加入遊戲中的功能項目
> 也越來越多，卻為何沒有感覺遊戲變得更加好玩有趣呢？ **❞**

4-3 卡關之後，破關之前

> 所謂的現實，總是充滿計畫之外的驚與喜；當然，也包括計
> 畫之外的難關。在每個卡關的路口，我們如何從中找出破關
> 的途徑？

在找和Zack結識並開始著手製作遊戲後，我們並未如預期般地順利
完成第1號專案《當個遊戲製作人吧！》。正當我們動彈不得之時，
我認識了「樂風創意視覺」的伙伴們，並且在Zack同意之下，一方面
與樂風研議《邦妮的早午餐》專案的設計與開發，另一方面則繼續與
Zack共同進行我們的《忍者聯盟》專案。

另外，由於先前我回到母校清華大學資訊工程學系所做的演講《為
什麼你不該進入遊戲業？》出乎意料外地大獲好評，因此紛紛收到許
多不同學校科系的演講邀約。有些學校在北部地區，來回約半天時
間；但有些學校遠在中部或南部，往往需要花費一整天的時間往返。
除了交通時間以外，還需要投注額外的時間準備演講內容。雖然我的
伙伴們並不介意我偶爾告假去演講，但這些行程確實使我分心，也影
響了專案的進度。

除了演講以外，我更收到了「財團法人資訊工業策進會」（簡稱為
資策會）行動開發學院的任課邀請，希望我能開設iOS遊戲程式設計
的課程。雖然我小時候的志願從來沒有「將來長大當老師」這個選
項，即使我的手中已經攬了兩個遊戲開發專案，但我知道這是個絕不

能錯過的機會。教課這件事，最辛苦的不在於實際上課的過程，而是準備教材的備課過程。

相較於演講的長度，最多不會超過二小時，但每次上課，都是整天整整六小時的紮實課程，我必須在開課前就構思授課內容、製作教學投影片並撰寫範例程式碼。所幸這是一系列的短期課程，約一個多月期間即授課結束。然而，在這段期間內，我幾乎所有心力都花費在教課上，因此兩項遊戲專案進度幾乎呈現停滯狀態。

我以為自己的能力足以同時把三項工作辦妥，但結果證明我再次犯下「無知的樂觀」之錯。

墜落深淵的《忍者聯盟》

經過了超出原先計畫時程的四個多月後，我與Zack共同合作的《忍者聯盟》遊戲雛形開發階段總算是告一段落了。但在我拿給幾位遊戲業界的朋友試玩之後，我發現我們做錯了。

> 66
> 錯誤不在於遊戲題材設定、遊戲商業機制或遊戲美術設計，
> 而是根本上的問題：「核心遊戲性」（Core Gameplay）。
> 99

所謂「核心遊戲性」，應該從遊戲中最基礎、最根本的動作出發，這個基本動作是玩家在每次遊戲過程中，會重複成千上百次的動作，例如角色的移動行為或攻擊動作等等。《忍者聯盟》採用的「加速計」操控方式，雖然新穎有趣，但運用在動作類型遊戲上卻不如想

像中那樣美好。另外，在沒有實體按鍵的觸控螢幕上採用「虛擬搖桿」，也是個彆扭而不直覺的操控方式。

對於一般玩家來說，當他們玩著一款製作失良的遊戲時，可能無法分析核心遊戲性真正的問題根源為何，而只會淡淡留下一句「不好玩」，或甚至選擇沈默轉身離去。遊戲的樂趣，不在於精美動人的美術圖片，更不在於高深莫測的程式技術，而是在於我們如何把看似平凡無奇的微小動作，琢磨臻至近乎完美的境界。

「這只是初版原型，我們還有好多功能項目仍未完成，如果完成的話一定可以……」我的心裡吶喊著，但那道聲音卻越來越微弱。

遊戲人，從來不缺所謂的點子或創意。相較之下，遊戲開發者更應該注重執行的細節層面。「什麼都可以做」，背後的殘酷真相，往往是「什麼也完成不了」。擁有100項功能特徵的複雜遊戲，其遊戲樂趣未必能勝過僅有10項功能特徵的簡單遊戲。

鬼之瞽語
？？？

對所有遊戲開發者來說，史上最大的圈套，莫過於「只要擁有更多的功能，就能做出更好玩的遊戲」。從旁觀者的角度來看，或許很難理解為何遊戲開發者們會陷入這般天真無知的陷阱，但當你成為創意的主宰者時，將很難不濫用你與伙伴腦中的「無限創意」。

雙倍投入的《邦妮的早午餐》

在與「樂風創意視覺」簽約確定合作開發《邦妮的早午餐》之前，我樂觀地預測如此沒有什麼技術難度的專案，應該最長花費三個月的時間即可完成，絕對不會影響到《忍者聯盟》專案及我的教課進度。

但樂風的伙伴們仍有承接其他的美術外包製作案件，而我也自討苦吃地必須分心在另外兩項工作上，所以我們專案剛開始時的進展速度非常緩慢。再者，他們並沒有手機遊戲的開發經驗，所以我的任務不僅只負責遊戲程式設計而已，更需要與他們共同琢磨遊戲設計中的各項難題與挑戰。

就程式設計者的角度而言，我只需要幾張簡陋的靜態圖片以及充滿各種顏色的方塊，就能夠快速地製作出遊戲的核心原型。所以我在幾週之內，很快地完成了《邦妮的早午餐》的核心遊戲性部分：

1. 客人來訪
2. 客人點餐
3. 準備餐點
4. 將餐點交給客人

然而，我卻忽略了美術設計師是非常注重視覺元素的工作者，他們非常需要從視覺與動態的呈現面向上得到遊戲開發流程中的回饋。僅僅憑藉著簡陋的草圖或色塊，無法讓他們確認遊戲是否好玩，更無法使他們感到安心。另外，有些美術設計師會以「動畫設計」的標準來要求遊戲畫面的品質呈現，但「太過注重視覺」有時會使系統效能超

出負載，反而影響最終遊戲成品帶給玩家的體驗品質。

　　直到《邦妮的早午餐》客人角色動態大致完成之前，樂風的伙伴們感受不到遊戲的魅力與樂趣何在，甚至無法確定是否真的能夠完成這項專案。然而，當我們製作中的美術素材一一到位，加入角色動態、背景音樂與物件音效後，整個遊戲突然活了起來，也讓我們看見一絲破關的曙光。

　　「不是應該三個月之內就能完成嗎？」眼看著時間已經超過三個月，我的內心開始感到焦躁不安。

> 　　雖然遊戲功能皆已完成，但我們都認為遊戲本身仍有許多細節項目需要更進一步地拋光磨亮，才能讓它閃爍出耀眼的光芒。既然已經投注了三個月的時間，樂風和我都不願因原先設定的專案時限，便草率地將只能稱得上是半成品的遊戲推出。所以我們決定再花更多的時間，把遊戲作品做到我們都滿意的程度才推出。

　　最終，我們經歷了六個多月的時間，才真正地完成《邦妮的早午餐》，並將其推出上市。

消失的辦公室

　　另一項遠比想像中更嚴重的問題是「遠端工作」的合適性與否。無論是與Zack合作的《忍者聯盟》，或是與樂風合作的《邦妮的早午

餐》，我們最初的工作狀態都一致相同：「沒有辦公室」。在沒有共同辦公室的情況下，該如何工作呢？

66 在開發團隊目標方向明確的情形下，「虛擬辦公室」的工作方式不僅可以免除租賃辦公室的大筆開銷，也具有更高的彈性與機動性。然而，當團隊陷入方向不清或士氣低迷的情形時，許久才見面一次的做法，由於碰面時間很少，伙伴之間很難互相砥礪，難免招致負面的效應。 99

以我與樂風合作的經驗來說，雖然剛開始時偶有難以配合的亂流，例如他們習慣在深夜工作，而我則是從早晨開始工作，但樂風的伙伴們畢竟是具有承接專案經驗的公司團隊，他們總能夠在預計時程前後，順利交付工作進度，也使得《邦妮的早午餐》逐步上了軌道。

另一方面，我與Zack的合作則是風波不斷。他不是具有良好時間觀念的人，每次約在外面的地點碰面，經常會遲到許久，而這點與我嚴守時間紀律的態度有很大的衝突。另外，我們兩人都希望做出與眾不同的遊戲作品，所以每次見面時，經常流於談論最近的遊戲感想以及各種創意玩法的空想，而沒有確實認真地檢討開發進度。

直到他搬家後，這樣的情形才終於獲得了改善。在Zack的新家裡，有個舒適的書房空間，雖然不大但也可容納兩台電腦以及兩件桌椅。從此以後，我便每週固定安排約二到三天的時間，到他家與他一起共同工作。

對於Zack來說，比起獨自一人在家工作，他更喜歡面對面的緊密合作方式，更渴望即時迅速的討論與回饋，也更需要適度的工作氛圍與正向推力。

卡關之旅，抉擇路口

如同參加馬拉松比賽的跑者一樣，在最後一哩路上，遊戲開發者所需耗費的力氣，往往是前面所有路途的總和。

對獨立遊戲開發者而言，在這條幾乎無法看見終點的跑道上，我們需要無與倫比的「愛心」與「耐心」。如果你不是真正熱愛你正在製作的遊戲作品，你隨時都可以找到中途放棄或重頭開始的理由；如果你沒有足夠的耐心毅力，抗拒草率將遊戲推出上市的誘惑，你將很難雕琢磨亮出精緻動人的遊戲作品。

若不是親身走過這一遭淒風苦雨的「卡關之旅」，我想我絕對無法體會對於創業者來說最重要的「專注」態度。如果心裡想到什麼就急著去做什麼，或是看到機會就迫不及待撲上去，魚與熊掌什麼都想要，最終很可能落得什麼也做不好的下場。

但換個角度思考，如果當初我固執著非做出第1號專案《當個遊戲製作人吧！》不可，我不會有這個機會能和樂風的伙伴們共同合作，也不會有之後的豐收體驗，更非常可能不會有這本書的誕生。

如果是你的話，你會怎麼做出抉擇呢？

第五關 草根行銷之役

劍客：「面對這場必須取勝的決鬥，惟有拿出所有的壓箱寶一決勝負。」

5-1 黎明前的作戰準備

> 樂風與我在投注了六個月之久的開發時程後，我們首度合作的第一款iPhone遊戲作品《邦妮的早午餐》，總算達到了可以稱得上是「完成」的狀態了！雖然我們所有人都迫切希望《邦妮的早午餐》能夠早日上市，期盼我們用心製作的遊戲能獲得玩家們的迴響與支持，但我們知道，我們還沒有真正完成上市前的「準備工作」。

　　遊戲通過我們團隊內部的嚴密測試，以及經由幾位親朋好友的實際試玩之後，確認遊戲沒有任何問題，我們便立即提交到APPLE的iTunes Connect，進行官方對於APP的各項審查。很順利地，在一週之內，我們就收到了通過審查的通知信：《邦妮的早午餐》隨時可以上架App Store開始販售了！

　　在提交APP送審的時候，在iTunes Connect系統中有個非常重要的步驟是「何時發佈你的APP」：

1.通過審核後，立即在App Store上架販售。
2.通過審核後，由開發者自行決定在App Store上架販售的日期。

　　遊戲開發者們必須謹記的是，「通過審核日」絕對不應該等同於「上架販售日」。通過審核並取得上架資格，意味著你的APP已經通

過官方的認可，沒有違反APPLE的開發者條約，也沒不存在明顯可見的遊戲程式執行問題。

但是在開戰之前，我們得先確定手上的「四大法寶」是否已經準備妥當，如此才真的能夠打出一場漂亮的勝仗。

一定要拍遊戲影片

首先，我們必須製作一段遊戲影片。對於任何一款遊戲作品，即使像是手機遊戲如此小型規模的遊戲來說，遊戲影片的製作有著舉足輕重的地位，絕對不可輕易忽視。遊戲影片的製作重點，在於展現遊戲中最生動有趣，以及最能引人入勝的一面。

遊戲影片的長度，則是另一項經常被忽略輕視的重點。在製作影片時，許多人常會認為應該盡可能涵蓋遊戲中的所有層面，必定得鉅細靡遺地介紹遊戲內容，才不會遺漏了某些重要的遊戲特點。

事實上，正好相反：「遊戲預告片」（Game Trailer）的影片長度絕不能過長。

當他們不認識你，或者不熟悉你的遊戲作品時，這些觀看影片者的耐心會非常地有限。即使你費盡心思製作了一段10分鐘長度，包羅萬象且盡善盡美的遊戲介紹影片，但若使用者未能看完影片，便白白浪費一番苦心了。

最合理的「遊戲預告片」長度，約略在1分鐘左右。

「什麼！1分鐘哪足夠介紹所有的遊戲內容？」沒錯，重點就在於不要試圖介紹所有的遊戲內容。我們只有1分鐘的時間，說服玩家購買我們的遊戲，或是進一步查詢遊戲的相關資訊，所以我們必須要製作出一段緊湊明快的影片。以《邦妮的早午餐》為例，我們不展示遊戲主選單、關卡選擇畫面或過關時的分數結算介面，而是直接切入重點，強調遊戲中最豐富精彩的「客人動作反應」與「食材組合變化」。

首先我們使用專門的影像錄製軟體，錄製了五、六個在模擬器上玩遊戲的過程片段。接下來，再請熟悉影片剪輯的美術伙伴，使用相關軟體做出剪接與各種放大、縮小及過場的效果。

然而，光是這樣還不夠，對影片來說，最重要的元素之一是「背景音樂」。我們的目的在於引起觀看影片者的注意與興趣，所以除了以豐富視覺元素奪取他們的眼球以外，更要進一步以明快的音樂包覆他們的耳朵。

由於原先的遊戲背景音樂，是在遊戲過程中不斷重複循環播放的音樂，所以遊戲裡必須採用比較和緩輕鬆的節奏，以及干擾性較低的編曲，但遊戲影片的音樂必須反其道而行。因此，我們請音樂製作者以遊戲原曲為主體，重新編排為快板節奏。以視覺要素搭配良好的聽覺元素，最終才得以產出符合我們要求的遊戲預告片。

> 達到「讓他們想要知道更多」的目的，遊戲影片才算是真正發揮效果。

除了「遊戲預告片」以外,另一種形式的遊戲影片是所謂的「遊戲過程影片」,深入展示詳細的遊戲過程。若要製作遊戲過程影片,需要使用專業的攝影器材,拍攝玩家實際使用手機裝置或平板電腦玩遊戲的過程。

製作良好的「遊戲過程影片」,可與「遊戲預告片」相輔相成,提供給考慮購買遊戲的玩家更進一步的詳細介紹與指引。但若在時間與資源不足的情形下,「遊戲預告片」的製作仍然是優先順序較高的首要之務。

必須要有官方網站

與遊戲影片的地位相同,官方網站的存在,可以顯示出開發團隊對於自己的遊戲作品的用心程度。若玩家在聽聞你的遊戲名稱後,在網路上搜尋時只看得到下載連結,卻無法找到正式的官方網站,很容易讓人懷疑遊戲本身的品質是否不佳。

因此,即使再小型的遊戲作品,也應該為它設立一個獨立網址與網站。

遊戲作品的網址,盡量別依附在原有的公司網站或個人網站上,最好的做法是申請與遊戲名稱相同的網址。《邦妮的早午餐》的英文遊戲名稱為「Bonnie's Brunch」,我們便以這個名稱購買了「www.bonniesbrunch.com」這個網址。目前.com網址的每年費用只需幾百塊錢,非常地經濟實惠;若你願意花費數個月的時間精力開發遊戲,那麼更不應該吝於花費這筆小費用。

　　若在時間及預算寬裕的情形下，請專業的網頁設計師製作遊戲網頁，會是最能達到行銷效果的方法。但因為我們並沒有充足的時間進行網站與網頁製作，於是我們就利用Google提供的免費部落格服務Blogger，輕鬆而簡易地製作出《邦妮的早午餐》的官方網站。在Blogger的服務中，提供了多樣化的網站版型可供選擇，或是做進一步的編輯修改。

　　我們的需求非常單純，只是為了在網站上提供遊戲的「下載連結」以及「遊戲影片」，所以利用網站頁籤的方式，我們將網站區分為幾個主要部分：

> 「最新消息」：進入網站的主頁面，簡單介紹遊戲並提供App Store下載連結。
>
> 「遊戲故事」：以漫畫的方式，介紹遊戲中的女主角邦妮。
>
> 「如何進行遊戲」：簡介遊戲的實際玩法。
>
> 「食物及角色介紹」：條列遊戲中的各種美味食物及介紹各類客人角色。
>
> 「遊戲截圖及影片」：展示遊戲截圖，並嵌入先前製作完成的遊戲影片。
>
> 「聯絡方式」：提供遊戲資訊及聯絡信箱。

　　官方網站的目的，在於讓想要購買遊戲的玩家，能事先獲得充分的資訊，得以判斷是否應該花錢購買。因此網站的內容，可使用遊戲中的各種圖片素材，例如角色、食物、場景以及教學等等，使網站充滿遊戲中的各種物件與元素，更進一步引導玩家了解並喜歡上這款遊戲。

抓住眼睛的圖示與截圖

對於許多經常使用iTunes軟體瀏覽及搜尋遊戲的玩家來說，APP圖示，這個約莫60個像素點大小的正方形，正是他們第一眼所見之物。如果「遊戲名稱」或「遊戲圖示」能夠引起玩家的興趣，他們才會點擊進入遊戲的資訊頁面，閱覽其他內容敘述。

遊戲圖示，不只是開發者接觸潛在消費者的第一個機會，也可能是最後的一次機會。

在製作遊戲圖示時，美術設計者應仔細斟酌以下幾項製作原則：

1.別使用文字：
圖示的尺寸範圍非常有限，別浪費空間在單調無趣的文字上，更別試著把遊戲名稱塞入圖示中。盡可能別使用任何文字。

2.使用主要角色：

大多數遊戲都有主要的遊戲角色，而這些角色通常是最吸引玩家的內容之一，妥善利用角色於圖示設計上，是常見且正確的做法。

3.專注而非分散：

使用遊戲角色是很不錯的設計，但若置入太多角色、物件或特效，反而會使圖片顯得凌亂不堪，失去原有的焦點。應該將圖示中顯示的物件數限制在一到二項左右。

4.對比色與邊框：

使用對比的顏色與彩度來設計背景與物件的顏色，務必使主體物件能清楚呈現出來。製作圖示邊框，若使用得宜，可使主體物件及角色呈現出「彷彿快跳出螢幕畫面」的感受，立即就能抓住瀏覽者的目光。

若玩家受到遊戲圖示的吸引，點擊進入了遊戲的詳細資訊頁面，就會見到大部分的人都會略過的敘述文字，以及更能直接傳達訊息的「遊戲截圖」。在iTunes的遊戲頁面中，可以置入5張遊戲截圖供玩家做為參考，遊戲開發者應善加利用這5張圖的篇幅。

千萬別把這寶貴的篇幅，拿來展示索然無味的遊戲主選單或其他介面；更別只是將遊戲過程中的圖片擷取下來後，就直接拿去當做iTunes頁面的截圖。

66

正確的遊戲截圖做法，需要先擷取遊戲中最精彩有趣的過程畫面後，再經過美術設計者的加工製作，佐以簡短的文字說

明，甚至是將數張畫面混搭在同一張圖片中，才能達到最佳化的效果。

"

事前預熱的宣傳行動

就我所知，許多獨立遊戲開發者，往往都是默默地製作遊戲，默默地完成遊戲，然後也默默讓遊戲上市。這樣的模式，或許有可能成功，但通常無法激起太多的漣漪。在花費龐大時間完成遊戲作品後，若無法有效行銷推廣的話，實在是非常可惜的事情。

我認為應該可以嘗試做些一般開發者不會去做的事情。既然我已經經營「猴子靈藥」這個部落格幾年的時間了，我想或許有些固定收看我的文章的讀者，會對於我參與製作的新遊戲作品感興趣。那不如在遊戲上市之前，先來寫篇文章吧！

> 2011年夏天，iOS平台上最消暑最美味的休閒遊戲《Bonnie's Brunch》即將上市。
>
> 超可愛人物表情，超逗趣角色動作，超豐富食材組合！
>
> 超夢想行動餐車，超美麗歐洲風情，超放鬆背景音樂！
>
> 超詳盡入門教學，超挑戰反應速度，超刺激限時關卡！
>
> 今年夏天，火熱上演，敬請期待！^_^

於是，我便使用了幾張美術加工設計後的遊戲截圖，發佈在我的部落格上，讓讀者藉由圖片去暸解也同時猜測這款遊戲作品的內容細節，除此之外，我沒有透露遊戲的其他細節，結果確實引起不少讀者的迴響與留言。

我想其中很重要的一點，就是專業美術設計呈現出來第一眼印象。《邦妮的早午餐》與我之前曾發佈在部落格上的遊戲作品，最大的差別就是在於視覺元素呈現上，讓許多人感覺向上提昇了好幾個等級，而不再像是以往的業餘之作。

讓你的關注者「知道」你的遊戲作品即將問世，並塑造他們對於遊戲作品的期待感，對於遊戲剛上市時的推廣會有推波助瀾的良好效果。

5-2 一決勝負的開戰時刻

> 有些本身為技術專長的遊戲開發者，經常認為「只要做出超棒的遊戲作品」就夠了，作品上市之後自然而然會被傳遞開來，然後就可以在家裡躺著等錢滾進來。真實的情況是，「把遊戲做好」只是這場比賽的「上半場」而已，真正決勝負的「下半場」比賽則在於「行銷推廣」層面的真本事。

　　萬事俱備後，由「樂風創意視覺」與「猴子靈藥」雙方共同合作開發的第一款iOS平台遊戲作品《邦妮的早午餐》，終於在2011年六月中旬時正式上市。我們抱著忐忑不安的心情，打開城門，踏上戰場。

　　除了原有的4名開發成員外，在遊戲上市前，我們請另一位與「樂風」合作過的程式設計者李逸群加入團隊，一起幫忙行銷宣傳。因為我們團隊只有5位成員，算是一個非常小型的獨立製作團隊，背後沒有投資者的資金奧援，而我們也從來沒有做過遊戲行銷的工作。

　　在既沒有什麼行銷預算，也不懂得市場規則的情況下，我們如同是「摸著石頭過河」，唯一能夠仰賴的就是所有團隊成員的通力合作，同心協力地去做「草根行銷」。

新聞稿與推廣代碼

　　上市前，我們預先蒐集了一份國內外遊戲APP評論網站的清單，以

及其聯絡信箱；台灣相關的APP介紹網站約有5個，而國外規模較大的網站則至少有30個以上。我們先撰寫了一份簡短的中文新聞稿，再將其翻譯成英文版本，準備在遊戲上市後寄送新聞稿給這些國內外的網站，期望能獲得他們的介紹與報導。

在iOS的APP上，每一款新的APP版本，都擁有50組「推廣代碼」可供開發者加以利用。所謂的「推廣代碼」，就是一組英文字母組成的序號，只要在iTunes軟體上輸入該序號，無論原來的APP定價為30塊錢或300塊錢，使用者皆可免費下載這款APP。這是為了推廣促銷而存在的便利小工具。有些人會把這些代碼贈送給親朋好友，但我們決定把代碼隨著新聞稿寄送給國內外的媒體，若他們看到新聞稿感興趣的話，即可免費下載我們的遊戲，並做進一步的嘗試與評析。

送出新聞稿與推廣代碼後，國內的幾個網站都給予我們相當正面的回應與支持，這是我們原先預想不到的好成果；反之，國外的網站幾乎如同石沈大海般，除了少數幾個網站以外，其他的30封信件都沒有任何的回應。這是令人失望但可以理解的狀況。因為國外較著名的APP網站，每天至少會收到上百封類似的遊戲上市新聞稿，如果他們之前並不認識我們的遊戲公司及遊戲作品的話，想必這些無趣的新聞稿信件，更難以引起他們進一步察看內容的興致。

定價策略

「遊戲APP該如何定價？」這是個非常不容易回答的問題。

我們在六個月的開發過程中，不斷地反覆思考並討論遊戲的定價。一開始時，原本想製作一款純粹做為「打知名度」用的極小型遊戲，所以覺得價格應訂為免費。沒想到我們投入在這款作品上的時間精力越來越多，不斷提升遊戲品質及增加遊戲內容後，我們認為《邦妮的早午餐》應該具有收費定價的潛力。

當時在市場上，有一款頗受注目的餐廳經營類型遊戲《漢堡女王》，是與我們具有高度相似性的競爭遊戲之一。我們觀察其定價為1.99美金，與這款作品相比之下，我們有自信《邦妮的早午餐》不會輸給它，所以我們便決定將遊戲定價為1.99美金。而雖然定價是1.99，但我們在遊戲剛上市時，推出限時特價，將遊戲售價調整為0.99美金，足足打了50%的折扣。

有些玩家習慣趁著APP做降價的時機購入遊戲，會讓他們有「賺到」的感覺。採用「初期折扣」的定價策略後，我們發現確實產生了一些衝動購買的成效。之後《邦妮的早午餐》大部分的時間皆停留在0.99美金的定價中，只有一些比較少數的時期或特定日子裡，我們會將定價回復為原價1.99美金。

購買評論文章及網站廣告

在少數幾封與國外網站往來的信件裡，我們注意到有個網站專門收取費用幫開發者撰寫評論文章及介紹影片。我對於「付費購買評論」這件事情並不贊同，且對於這個網站能達到的效果也抱持著非常懷疑的態度。

後來經過團隊內的溝通討論後，我們決定當成一個與國外網站媒體接觸的契機。另外，由於其收費並不高，撰寫一篇英文「文字評論」加上一則「實際試玩過程影片」，僅需美金150元，是一個我們可以接受的價碼，不妨就嘗試看看吧。

他們很快在付款後的幾天以內，完成了網站報導與影片錄製。對於他們產出的成果，在文字評論的部分，只能說是平庸無奇，沒有任何亮點。更糟的是，影片錄製的品質非常差勁，不僅在一個光源狀況不良的環境中錄影，焦距甚至沒有對好，女性試玩者的聲音聽來沈悶至極，介紹遊戲竟然花了大半影片時間在無趣的選單介面上，最重要的遊戲內容卻只試玩了最前面的一個關卡就草草結束。

> 66
>
> 從這次的經驗，我們深刻體會到「不要付費購買評論文章」
> 這項寶貴的教訓。
>
> 99

在遊戲上市一段時間後，遊戲有了些收入進帳，我們決定再次嘗試廣告的效用。我們選擇了一個具有公信力的標的，在全世界最大的iOS遊戲介紹評論網站「Touch Arcade」上刊登為期一個月的廣告看板。做為一個專門介紹iOS平台遊戲的網站，「Touch Arcade」的每月訪客人數，可到達五百萬人次之多，而該網站的頁面瀏覽更多達上千萬次，可想而知是一個非常好的曝光宣傳地。

於是，我們投入了美金1300元，於「Touch Arcade」的主網站及討論區上，各購買一個廣告區塊，有效期間為一個月整。在這兩個小小的廣告區塊上，我們放上了《邦妮的早午餐》的頭號當家女主角「小邦妮」，並且使點擊廣告後直接導引至我們遊戲在App Store中購買頁面。

> 經過一個月後，回頭檢視成果，我們發現這次花費大筆金額所做的廣告投入，幾乎沒有產生任何實際成效。

　　我們的廣告區塊共計被展示了160萬次之多，但卻僅僅貢獻出1000多次的廣告點擊，點擊率甚至連0.1%都不到，更不用說點擊廣告的使用者也不見得會真的購買遊戲。

　　在這次的慘痛經驗裡，我們自我檢討是否《邦妮的早午餐》的目標族群，並不符合「Touch Arcade」的觀眾族群？或是我們的美術設計風格，難以符合西方人的口味？或者遊戲本身了無新意，無法引起玩家的目光？但我們還沒有得到明確的答案。

部落格行銷

　　身為經常撰寫文章的「部落客」，我理所當然十分瞭解「部落格行銷」的威力所在。

　　在這個網路世代裡，我們的主要資訊來源，不再侷限於傳統媒體，如電視、報紙、雜誌或書籍等等。當我們遇到問題時，我們會在網路

上搜尋美食資訊與餐廳評價,甚至會採納陌生網友的意見選擇購買A廠牌的電腦而非B廠牌的電腦。因此,網路的部落格上開始充斥著越來越多的置入性行銷,以及許多真假莫辨的推薦文章。

　遊戲上市的第一天,我立即在自己的部落格上發表完整的遊戲介紹文章,期望能吸引一些部落格固定讀者的目光。另外,我也聯絡了幾位認識及不認識的知名部落客,以非常誠摯且熱情的文字介紹《邦妮的早午餐》,並附上可免費下載遊戲的「推廣代碼」。結果與國外的APP介紹網站相似,僅有少數部落客會給予回應,而大多數人則完全不予理會。

　接著,我們想到可以試著聯絡一些知名的「繪圖部落客」,洽詢他們是否有意願試玩及幫忙介紹遊戲。結果相同,大多數人並沒有給予任何回應。唯一的例外是,某位知名的繪圖部落客,回覆了我們的信件並開出他的價碼:撰寫一篇遊戲介紹圖文的費用是新台幣4萬元整。這是一筆遠超過我們能夠負擔的價碼,所以我誠實向他說明原委,並贈送一組「推廣代碼」以感謝他的回覆。

　我能夠理解部落客收錢寫文的做法。但不論收費價碼的多寡,我個人並不喜歡「拿錢辦事」的做法。部落格的忠實讀者或許未必能察覺差異,但我認為:

> 66
>
> 「真心誠意的文章」,與「拿錢辦事的文章」,兩者會產生出完全不同的氣息。即使做事的方法相同,但只要初始動機不同,便會影響到最終的成果。我不願為了推廣宣傳遊戲作品而沾染上這般氣息。
>
> 99

令我意想不到的是，在遊戲上市的三天內，網路上突然冒出了一篇文圖俱佳的介紹文章，這篇中文的文章被十幾個大大小小的網站轉載，形成《邦妮的早午餐》初期最穩固堅強的行銷力量。追根溯源後，我才發現這篇文章來自於著名部落格「電腦玩物」作者「異塵行者」所著。

「電腦玩物」是以介紹各式實用電腦軟體為主要內容的部落格。我平時並沒有閱讀此類部落格的習慣，沒想到該站長「異塵行者」很久以前就開始關注我的部落格，雖然他本身的工作與遊戲開發無關，但他卻對我分享的文章內容頗感興趣。直到《邦妮的早午餐》上市時，他恰巧剛購入一台iPad2，於是很快地想到了我們的遊戲作品。在購買遊玩後，他寫出了一篇圖文並茂的好文章，而這篇介紹文，可說是《邦妮的早午餐》的「最佳代言人」也不為過。

很多時候，真正能發揮影響效果的事物，不是論斤秤兩的商業技巧，也未必是精心計算的行銷策略，反倒是那些純粹自然的動機與不為名利的分享，才真的能夠閃爍出耀眼的光芒。

社群危機爆發，面對殘酷考驗

除了嘗試購買國外廣告及進行部落格行銷以外，我也試著以個人的名義在台灣的幾個知名網路論壇上介紹我們的新遊戲。一開始，我滿心歡喜地在相當知名的Mobile01論壇上發表了篇簡短的遊戲介紹文章，期待能獲得一些iPhone使用者的支持與迴響。沒想到在短短的幾個小時以內，就遭遇到了我們遊戲上市以來的最大危機。

>「國產遊戲竟然沒有中文？超級無敵大扣分！」
> 「沒有中文，除非世界末日不然絕不下載你們的遊戲。」
> 「沒有新意的遊戲。」
> 「我看國外廠商對華人還比較好，至少有簡體中文。」

　　戰況異常慘烈，文章底下充斥著一面倒的負評。雖然我們試圖向他們解釋為何遊戲沒有中文介面，即使有幾位留言者試圖給予比較正面的評價，仍然無法扭轉回應留言的風向。當我們備受如此巨大的打擊之時，手足無措不知如何是好，相隔幾小時之後，我們發現該論壇的管理員以違反論壇規定「不可做商業廣告行為」為由，將我們的文章與所有回應連帶刪除。文章被刪除後，反倒令我們鬆了一大口氣，暫時解除了眼前的危機。

　　「為何不做中文版？」這是許多台灣玩家心裡的疑問。

　　首先，我們認為《邦妮的早午餐》的遊戲核心玩法非常直覺易懂，即使在沒有文字說明的情形下，仍然可以順利遊玩。我們曾請一位七歲左右的小女孩試玩，即使是在全然看不懂英文的情形下，她還是可以玩得非常開心。另外，在餐廳經營類型的遊戲中，原本就沒有太多的遊戲內容，需要以文字的形式傳達給玩家。所以我們低估了部分中文玩家的需求。

　　再者，在遊戲的開發過程中，我承認我們沒有想過要製作中文的版本。當然，這絕對不是因為我們的傲慢或不為台灣玩家著想，而是在能力非常有限的情勢下，我們選擇將精力投注在最重要的事項上，為了以全世界的市場為目標，所以我們一開始就將「英文」設定為遊戲

的主要語言。若未來遊戲上市，取得不錯的迴響之後，我們會再接續製作其他國家的語言版本，包含繁體中文在內。

這一點，對於小型的遊戲作品的行銷推廣來說，往往有很大的影響。當時，《邦妮的早午餐》檔案容量已經來到19 MB左右，若再加入中文化版本的內容與圖片，勢必會使得檔案容量超出20 MB的限制。

曾經我們天真爛漫地以為，不會有太多台灣玩家在意「沒有中文版」這件事。然而，這般過於無知輕忽的想法，不幸成為我們行銷推廣之戰中的「阿基里斯之踵」。

網際網路的匿名性，使得「網路鄉民」的想法與言論容易被誇大化，一旦剛開始的留言者傾向負面評論時，很容易就會將所有後續的回應者導向負面的方向。

忍術奧義

最後，則是關乎檔案容量與3G通訊的傳輸限制。所有iOS的APP開發者都很清楚，我們必須盡可能將整個APP的檔案容量控制在20 MB以內，因為一旦超過了20 MB，玩家便無法使用3G通訊下載我們的遊戲，而限定必須連結Wifi網路或使用iTunes才能購買並下載遊戲。

備註：3G傳輸限制已於2012年初時提升至50 MB。

在情感面上，遊戲開發者當然希望自己費盡心思製作的遊戲作品，能夠獲得玩家的讚美與青睞，但真正的現實是，絕大多數的大眾消費者，完全不會在乎你的開發資源多麼稀少有限，或是在開發過程中投注了多少時間精力，他們只在意這款遊戲好不好玩，值不值得花錢去買，以及有沒有可以免費取得它的方式。

別期待得到玩家的同情或憐憫。無論是程式設計、美術設計、玩法設計或甚至語言版本，只要其中任何一個環節沒有做好，作品上市後便會遭受最直接無情的打擊。這也是為何即使是一個看似非常單純容易的小型遊戲專案，往往得付出極大的心思，最終才能呈現出一款各個環節都很完整的遊戲作品。

市場，是所有遊戲開發者最終必須親自面對的「真實戰場」。

半路心得

大眾消費者，鮮少會去主動發掘沒有名氣但具有潛力的遊戲作品；相反地，他們會選擇追隨「意見領袖」的選擇與發言。當所有人都在玩《憤怒鳥》時，下載它就對了！當大部分人都說《水果忍者》好玩時，買它就不會錯了！對於大眾消費者來說，他們想要的是最安全無虞的選項。這便是市場行銷的價值所在，也是獨立遊戲開發者最難突破的關卡。

5-3 作戰成果之真相大揭露

> 除了排行榜上的好成績以外，我們也得到很高的玩家星等評價，絕大多數皆為5顆星或4顆星的評等。另外，也有許多玩家留下非常正面的讚美與迴響，甚至有人認為這是國外遊戲開發商製作的遊戲作品。以上種種迴響，都是對於《邦妮的早午餐》遊戲品質的高度肯定。

《邦妮的早午餐》上市的第一天，當遊戲在iTunes Store頁面現身後，我們即刻透過所有的社群網站與各種聯繫管道，向所有的親朋好友散佈這項消息。我在離開公司後的這段日子裡，認識了許多遊戲業界的朋友，透過社群網站的聯繫，大家知道我獨立開發的第一款遊戲作品剛上市，都非常願意支持我；擁有iPhone的朋友們，立即以行動支持購買了我們的遊戲。

對於iOS遊戲來說，最至關緊要也最具有成效的行銷手段，就是進入iTunes Store上的「百大排行榜」。所以在遊戲上市後，我們一直緊盯著iTunes Store的遊戲頁面，密切關注《邦妮的早午餐》是否能夠擠進前100名的排行榜。

在幾個小時以內，我們很快地見到《邦妮的早午餐》的小圖示在約略30幾名的位置冒出頭來，真是令人振奮不已哪！更沒想到的是，我們的名次仍不停地向前爬升，在上市第二天時，甚至已經進入了前10名的位置。

當時在遊戲分類排行榜上的第一名，是人人皆知的《憤怒鳥：季節版》，我們還在幻想是否有機會超越它時，上市第三天後，《邦妮的早午餐》竟已擊敗《憤怒鳥：季節版》，登上台灣iTunes Store遊戲分類第一名的寶座！更驚人的是，在上市第五天時，甚至成功擊敗《WhatsApp》線上通訊軟體，真正登上台灣不分類APP排行榜的王位。

媒體效應

先前認識一位在遊戲業工作的朋友Jack，他得知我們的遊戲擁有擊敗《憤怒鳥》的佳績後，便將此訊息發送給他熟識的幾位報社記者；其中有位馮大哥，對我們的開發的APP以及其成績表現非常感興趣，便以電話訪問的方式採訪我們遊戲上市後的種種情形。

隔日便在「中國時報」上看到了這篇報導，斗大的標題寫著「台灣APP邦妮早午餐擊敗憤怒鳥」，內文搭配一張圖片與簡短的敘述，十分引人矚目。這篇報導，後續也刊載在許多新聞網站上，令更多讀者有機會看到這則新聞訊息。首次的媒體接觸經驗，為我們在實體媒體與網路媒體上，注入了一劑行銷推廣的強心針。

接著有數個國內的APP評論網站對我們團隊進行採訪，包括「GameApe遊樂猿」以及「AppShot智慧好程式」等網站，均親自登門拜訪，並做出相當豐富且詳實的採訪報導。另外還有「數位時代」以及「電玩雙週刊」雜誌的文字採訪與內容刊載等等。

> **"** 而在所有的媒體效應中，最令我們感到意外的，莫過於電視
> 新聞媒體的採訪報導。 **"**

某新聞台想製作一段關於台灣APP開發商的簡短專題，打算採訪兩間已有不錯成績表現的公司，便找上我們的團隊。打著「台灣小邦妮擊敗芬蘭憤怒鳥」如此聳動的新聞標題，我們首次站上電視媒體。接下來，有另一間新聞台接續來訪，在播出採訪片段前先報導了《憤怒鳥》的破紀錄佳績，緊接著報導我們的遊戲作品壓過《憤怒鳥》的成績，更對於遊戲銷量具有推波助瀾的成效。

在新聞媒體報導的幾天內，一舉推升《邦妮的早午餐》的成績達到前所未有的銷售高峰。而我們在台灣的理想成績，也進一步帶動周邊國家地區的銷售成績，包括香港、新加坡、泰國、馬來西亞等地，皆曾達到排行榜第一名的位置。

限時免費的實驗

在上市三個月後，《邦妮的早午餐》每日銷量已大幅下降至相當低的數字，我們必須設法拉抬遊戲的銷量，嘗試讓世界各地的更多玩家看見我們的遊戲，於是我們決定使出幾乎每款APP都會使用的奧義大絕招：「限時免費」。

隨著APP熱潮的盛行，連帶使得許多APP評論介紹網站及提供APP限時免費訊息網站如雨後春筍般接連冒出。先前我們已在全球最大的的APP評論網站 「Touch Arcade」上，嘗試購買廣告做行銷推廣；接下

來，我們決定與第一名的限時免費網站「Free App A Day」（簡稱為FAAD）聯繫，首度嘗試將我們的遊戲降至0元限時大放送。

剛開始與FAAD接觸時，得知他們有幾種廣告版面與收費方式：

1.「利潤共享」模式：限時免費期間過後，三至四週內遊戲收益必須拆分比例給他們。

2.「一筆付清」模式：定價制，一次付清款項，他們不參與遊戲的收益拆分。

以「一筆付清」模式來說，最便宜的方案大約是3000美金左右，限時免費訊息的主要曝光時期為3天。即使FAAD是APP宣傳促銷領域中的王者，網站服務使用者涵蓋全世界數百萬名iOS使用者，但新台幣9萬元的行銷費用，實在不是一筆能讓我們輕易點頭答應的價碼。再者，他們目前的每日推廣行程已滿，必須至兩個月後才能將我們的遊戲排上行程，所以我們決定暫且擱置再做打算。

沒想到，某天晚上突然接到FAAD的來信，他們說有個原先安排好的遊戲APP，因沒有通過審核而必須取消推廣活動，於是他們便詢問我們是否有意願臨時「插播」進明日的推廣版面。因為是非常臨時的意向探詢，FAAD也主動將廣告價碼降至2500美金。我們覺得機不可失，便很快地付清款項，於次日登上FAAD網站的首頁。

《邦妮的早午餐》首次的限時免費活動為期5天，以結果而言，這次與FAAD合作的促銷活動帶來幾十萬次的限時免費下載量，並確實

達到後續拉抬付費下載銷量的正向效應，是一次相當具有成效的行銷推廣動作。

但就如同玩遊戲一樣，玩家都知道遊戲中的「奧義絕招」不能胡亂施放，而是必須仔細衡量使用的時機與成本。「限時免費」也是如此，第一次施放的效果最好，我們之後再推第二次限時免費的活動，成效就遠比第一次遜色許多。

鬼之警語

在這次限時免費的期間裡，遊戲下載量確實相當驚人地暴量上升，光在三天之內就帶來了20萬次的下載數，而下載總量前三名的國家分別為：中國、台灣與美國。由於《邦妮的早午餐》並沒有設計任何「遊戲內建付費」（In App Purchase）的機制，更沒有在遊戲中安插「線上廣告」的版面，所以我們等同於將所有遊戲內容，毫無保留地免費奉送給全世界的玩家。這其實是採用「限時免費」宣傳策略時必須思考的問題。

真實的檢驗：成本 VS. 成績

很多朋友得知我們的遊戲作品登上台灣iTunes Store排行榜第一名，以及看到許多網站雜誌與新聞媒體的報導後，紛紛祝賀我們突破「付費遊戲百萬下載量」以及「成為千萬富翁」。但很可惜的是，事實並非如一般人所想像的美好。

當我們登上台灣不分類APP排行榜第一名時，每日銷售量的最佳紀錄約為3000套左右。試算每日3000套銷量的收益：以《邦妮的早午

餐》遊戲定價新台幣30元為基準，扣除APPLE拆分的30%收益，我們每售出一套遊戲，約可得到新台幣21元的收益：

30（定價）x 0.7（拆帳比）x 3,000 （銷售數）= 新台幣63,000元

每天可以賺進新台幣6萬多元，一個月的收入可達180萬之多！豈不是美夢成真嗎？

實際上，我們並沒有停留在第一名的位置太長的時間；經過一週左右，我們的銷售成績很快地消退下來，名次也跟著迅速滑落。而隨著排行榜名次的下降，遊戲銷售量也十分快速地滑落。上市時間越久，銷量成績也就越來越低落。

「是否有打平成本？」這是許多業界朋友最常詢問我的問題。即使我們獲得不少電視及報章媒體的關愛與青睞，但實際上並沒有使我們的銷售成績一路長紅，更稱不上是一夕爆紅的成功案例。究竟有沒有打平成本，甚至是大賺特賺呢？

答案是：沒有。

我們團隊主要的4位核心成員，總計投入6個月的開發時程，雖然我們並非每天八小時地全職投入《邦妮的早午餐》開發，但這項專案仍是過去的180天裡，佔據我們最主要時間的重要工作項目。因為我們成員全是較具有經驗的專業開發者，所以若以每人月薪5萬計算，可試算出我們的開發成本約為：

4人（人數）x 5萬（月薪）x 6個月（時程）= 新台幣1,200,000元

另外還得加入委託製作的遊戲音樂外包費用，以及在遊戲上市後投入的行銷廣告費用，所以整個專案的前期開發及後期行銷費用，加總起來約略為新台幣130萬元左右。

《邦妮的早午餐》遊戲上市8個月後，銷售成績總結為：

付費下載：約為3萬套。
免費下載：約為60萬套左右。

其中付費下載的部分，大概有95%的收益是以新台幣30元計價，而僅有5%是以遊戲原價新台幣60元計算。上市8個月以來的遊戲總收益，合計約為新台幣65萬元左右。

> 遊戲上市8個月以內，「成本130萬元」對比「收益65萬元」，若以每月薪資的成本結構計算，我們的《邦妮的早午餐》是個徹底的賠錢專案。

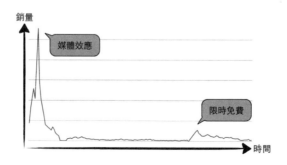

戰果分析，最大的收穫為何？

就台灣游戲業而言，我們並不是第一組製作遊戲APP的開發者。事實上，先前已有許多傳統遊戲廠商投入遊戲APP開發，均未能取得理想的戰果。而在《邦妮的早午餐》的經驗裡，若我們稱得上有達成些什麼具體成果的話，其中最主要的決定性因素，可以分為「上市時機」、「環境氛圍」、「定價策略」、「目標族群」與「玩家之心」五點。

1.「上市時機」：

我們選擇在六月中旬上市，當時全球最大的遊戲娛樂展覽「E3」才剛結束一週左右，所有媒體記者仍在報導及整理「E3」展覽所見的遊戲大作資訊，想必會對我們 這些微型開發者造成排斥效應。但也正因如此，iOS平台上並沒有什麼遊戲大作上市，而當時第一名的《憤怒鳥：季節版》，停留在榜上許久，已略顯疲態，所以 我們才有機會趁虛而入，一舉將它擊落。

2.「環境氛圍」：

由 iPhone領頭帶起的APP熱潮，雖然已經席捲全世界各國的市場，但台灣直到當時才真正跟上這股風潮。舉凡台灣的電視媒體、報章雜誌與社交網站，似乎 所有人都在談論《憤怒鳥》這款在全球大賣的APP遊戲。在這樣的氛圍下，台灣的大眾消費者才剛開始被引領進入APP遊戲世界中，而台灣媒體更亟欲尋找在地 的「APP業者」，報導相關的成功故事。

3.「定價策略」：

先前許多台灣的遊戲廠商曾投入APP開發，但這些廠商皆以「試水溫」的態度製作遊戲，不僅最終成品的品質不佳，更因為抱持著純粹「打知名度」的想法，所以他們的APP大多以「免費」形式推出。而我們則一反常態，敢於在沒有任何知名度的情形下，以美金0.99元的定價推出遊戲。在遊戲品質可與國外遊戲匹敵的情勢下，「敢於採取收費制」這點，便成功掀起玩家與媒體之間的話題。

4.「目標族群」：

或許因為遊戲從業人員多為男性之故，遊戲業通常較少以女性為出發點或以女性玩家為目標的遊戲作品。在智慧型手機的用戶中，女性佔了相當大的比例，而她們以前可能沒有太多玩遊戲的經驗，也沒有真正適合她們喜好的遊戲。因此我們瞄準了這塊經常被忽略的「女性玩家族群」市場，為她們量身打造精彩有趣的遊戲。

5.「玩家之心」：

《邦妮的早午餐》，是「樂風創意視覺」與我合作的第一款遊戲，有幸獲得不錯的成績與迴響，大部份的功勞要歸功於我們團隊的「遊戲製作人」溫韻華小姐。因為她本身就是非常喜歡餐廳經營類型遊戲的玩家，所以她能夠瞭解喜歡此類遊戲的玩家真正想要的遊戲內容，包括遊戲中各種客人的細微情緒表現，以及食物類型的設計與安排等等。倘若沒有懷抱著以玩家為本的出發點製作遊戲的話，我們絕沒有機會達到今日的成果。

總結來說，《邦妮的早午餐》以初試啼聲之姿，能取得令人稱道的成績表現，也是因為結合了天時、地利、人和，以及樂風伙伴溫韻華、陳厚逸與陳厚璋的全心付出，才得以達成的戰果。有些報章媒體

將《邦妮的早午餐》的成績表現形容為「台灣之光」，我們心裡非常
清楚這是過譽的溢美之言，我們並未達到可以讓人如此頌揚的境界。

> 「真的很好玩耶！」
> 「玩過就停不下來了！」
> 「美食旅行超浪漫，我還想要玩更多的關卡～」

　　儘管沒有賺到什麼大錢，但每當我們親眼見到或親耳聽到玩家們對
《邦妮的早午餐》的發自內心的誇獎與讚賞，或是閱讀世界各地的玩
家用英語、日語、法語等各國語言撰寫的部落格文章後，都會讓我們
團隊的所有成員感到十分雀躍開心，也讓我們更有動力繼續走在遊戲
開發這條路上。

　　「讓玩家感到開心，使全世界玩家都有機會玩到我們的遊戲作品。」
這是我做遊戲的初心。我很高興我們做到了。

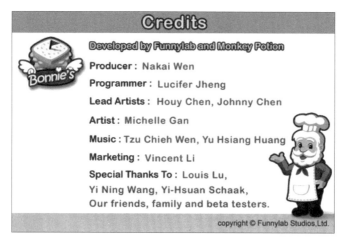

《邦妮的早午餐》開發人員名單

第六關 邦妮闖天關

劍客：「這次的劇情並非單線進行，要先解決那些支線任務才會有新的轉機！」

6-1 初嚐芒果味，初識小綠人

> 在《邦妮的早午餐》上市初試啼聲後，我們很幸運地獲得了
> 許多玩家朋友的迴響以及報章媒體的青睞，也連帶地招來了
> 許多我們原先全然意想不到的合作機會，其中對我們來說最
> 重要的兩項契機，大概就屬與台灣微軟（Microsoft）以及
> 與遠傳電信的遊戲跨平台移植合作案了。

來自台灣微軟的「芒果」任務

在《邦妮的早午餐》上市約兩個月後，我們接獲微軟台灣的洽詢：
「要不要將你們的遊戲移植到Mango平台上？」原本給人高不可攀印
象的微軟公司，竟然會主動詢問像我們這樣的小型遊戲開發團隊是否
願意共同合作，對我們來說真是非常受寵若驚。

以技術層面而言，微軟的芒果平台是個全然不同於iOS與Android平
台的新傢伙。平台系統採用自家的.NET框架，程式語言選用C#，而且
不支援C語言的運作環境，所以我先前在iOS上以C++語言及Lua語言
撰寫的程式碼，在此完全派不上用場。

除了基本的軟體開發套件以外，若想開發遊戲APP則必須採用
「XNA」或「Silverlight」兩者其一。「XNA」是專為遊戲開發所打
造的程式框架，功能強大且易於使用；「Silverlight」則是意欲與
「Flash」競爭的跨平台多媒體框架。

「 在與台灣微軟的負責人員會面洽談後，我們瞭解到這個代號
被稱為「芒果」的Windows Phone 7平台，即將在三個月之
內正式問世，屆時將搭配HTC發售的全新機種，共同舉行盛
大的上市活動。若我們想搭上第一波上市作品的順風車，那
麼必得在二個月之內完成《邦妮的早午餐》的移植。 」

　雖然我以前曾使用過C#且十分喜愛這個程式語言，但自從投入iOS
開發後，我已許久沒有接觸微軟的相關技術工具。所幸先前在與「樂
風」合作的伙伴中，有位名為「李逸群」的程式設計師，他原本就很
擅長微軟系統的程式開發技術，同時他也願意嘗試投入這個得來不易
的機會，所以我們便將遊戲程式的移植工作交付給他。

　單純就程式架構與執行效能來說，若選擇使用XNA應可勝過使用
Silverlight開發的遊戲APP，但經過逸群的評估後，使用前者需花費更
多的開發時間，為了趕上芒果平台的上市時程，決定採用他較熟悉的
Silverlight技術架構開發。

　而除了程式移植的工作之外，遊戲的圖片也需要重新繪製解析度較
高的版本。

苦澀的芒果滋味

　經過非常辛苦且大量工作的兩個月後，總算如期完成了《邦妮的早
午餐》芒果版本移植開發！雖然我們的遊戲如願成為芒果上市的重點
宣傳APP之一，也在一些相關的報章媒體上獲得曝光的機會，但實際
上遊戲的銷售成績卻是黯淡無光，令人大失所望。

在六個月的銷售期間內，《邦妮的早午餐》的遊戲試玩版下載數約為16000套，而真正付費購買遊戲的套數僅有1600套左右。

在微軟公開宣布Windows 8行動作業系統即將問世後，也確認了原本使用Mango平台的手機系統無法升級至Windows 8版本，Mango就像是即將被遺棄的孤兒，再也無法接收到微軟與手機製造商的關愛。

以我們親身走過這一遭遊戲移植經驗的歷程來說，我想微軟在煩惱如何提高平台佔有率與手機銷售量之前，或許應該先將面對APP開發者的服務機制徹底改善，才有機會使更多APP遊戲開發者加入微軟行動平台的陣營。

忍術學義 ？？？66？？

能夠以小型開發者的身份與台灣微軟合作，確實是個得來不易的稀有機會。但從這次的合作經驗裡，我們學到的教訓是有時先別過度猜想未來的發展遠景，而是應該先把手上的事情「用最有效率的方式完成」。若當時我們決定採用較成熟的XNA框架，則勢必得花費更多的開發時間與成本，結果得到不如預期的成果反而失望更深。 ”

來自遠傳電信的「小綠人」任務

在我們的遊戲獲得不錯的成績後，最常被玩家或朋友詢問的事情，莫過於「何時會推出Android版本呢？」

我們都很清楚，並不是所有人都會選擇使用iPhone手機或iPad平板電腦，除了iOS系統以外，「小綠人」Android同樣是個不容小覷的行動裝置平台，我們也很希望能夠親身嘗試這個不一樣的市場。

台灣遠傳電信很早就與我們進行聯繫，探詢我們是否有後續開發Android版本的計畫，並希望能夠進一步獲得Android版遊戲的代理權與銷售權。但由於我並不熟悉Android平台所需具備的開發技術，自己也希望能夠專注在iOS平台的遊戲開發上，所以我們首先必須尋找合適的Android程式設計師才行。

　　在我們向遠傳電信的窗口表達我們的難處之後，她很快幫我們引薦了一位熟悉Android程式設計的工程師名為「王逸群」（Michael）。Michael與我們的芒果版程式設計師「李逸群」同名不同姓，實在是個相當令人驚訝的巧合。

　　雖然Michael先前已有Android程式的開發經驗，但由於他的主要開發經驗是著重在應用工具類型的APP上，所以對於遊戲開發的相關基礎知識與流程架構必須重頭開始學習。克服大大小小的各種開發問題，經過四個多月的時間，終於即將完成《邦妮的早午餐》Android版本了！

> **"** 與iOS版本採用「定價制」的商業模式不同，在Android版本上我們決定使用「免費下載APP」加上「遊戲內購商品」的機制，免費開放遊戲的前15個關卡，並將遊戲後面的35個關卡售價訂為新台幣60元整，使玩家可在遊戲中直接付費購買並解鎖所有的遊戲關卡。 **"**

　　在先前的合約協議中，我們已經確定將把Android版在台灣銷售的權利交付給「台灣遠傳電信」，而在中國的銷售權則交付給「中國遠傳電信」。除此之外，在世界其他區域的銷售，則由我們團隊自己全

權負責。中國區域的銷售合約，不僅繁複厚重且在語意用詞上與台灣多有所不同，所以必須經過雙方的反覆溝通與再三確認，才能在保障雙方權益的情形下取得令人滿意的合作成果。

　　除中國區域的遊戲版本可暫緩之外，我們預計在遊戲上市時必須同步上架三個遊戲版本：

　　1.全球Google Play（英文版）
　　2.台灣Google Play（繁體中文版）
　　3.台灣遠傳電信S市集（繁體中文版）

　　因為語言版本的相異，以及遊戲中橋接不同付費金流機制，所以我們遊戲的Android版本勢必得分為以上三種版本才行。

嗆辣的小綠人戀情

　　由於遠傳電信先前並沒有與採用「遊戲內購商品」（In App Purchase）付費機制遊戲的合作經驗，也未完成Google Play的付費金流機制申請，直到我們遊戲準備上架前，才突然發現如此一來，玩家便無法付費購買遊戲的後續關卡，於是只好暫時擱置原訂的上市日期，回過頭來處理Google Play的付費金流機制。

　　對於遠傳電信來說，代理APP這件事，或許只是他們擴展業務的初步嘗試，因此顯得沒有投入足夠的人力資源在處理各項問題上。在不知道金流問題何時可以獲得解決的情況下，我們決定先將遊戲的英文版於全球Google Play上架銷售。最後耗損了許多精神心力，遠傳電信

終於在一週後搞定了金流系統的付費問題，然後將《邦妮的早午餐》繁體中文版於台灣Google Play及台灣遠傳電信S市集上架販售。

> 以後見之明來看，我們當初不應該急促地將全球英文版先行上架，而該等待一切就緒後再一齊上架，才能夠取得最大的遊戲曝光效益。由於遠傳電信遲遲未能解決金流問題，為了緩解團隊的壓力與期盼，如此分兩次上架的做法，反而分散了行銷宣傳的力道，著實令人惋惜。

還有一個問題是，遠傳電信並不負責幫我們處理任何與「客戶服務」相關的業務，所以只要他們收到用戶的來信，一概不過濾地直接轉寄給我們。部分客服信件中，有些是來信要求退費的用戶，即使我們根本沒有任何相關權限，還是得在我們收到轉寄信件後，回頭向遠傳負責人員說明原委，他們才願意處理用戶的退費手續。

在遊戲剛上架的初期，最令我們感到沮喪的事，就是在Google Play使用者留下的評論中，部分玩家只因為遊戲需付費才能玩到全部的關卡，而給予我們遊戲很低的星等與評價。若是因為遊戲不好玩，或無法順利執行遊戲而給予負面迴響，我們必定會虛心接受批評並進行修正，但從許多玩家的留言回應可知：

Android平台幾乎已變成一個「非免費則難以生存」的血腥戰場了。

兩個支線任務的心得小結

以銷售成績來說，芒果版本與小綠人版本的遊戲移植，目前為止並

沒有為我們帶來可觀的收益,但對我、樂風、逸群與Michael我們這個橫跨四支不同小團隊的奇特開發組合來說,卻有著全然不同於外人所見的特殊意義。

> 66
>
> 在一年以內,我們成功地將《邦妮的早午餐》分別推上iOS、Mango與Android三個最大的智慧型手機平台,在台灣的遊戲開發者中,是第一個達成如此成果的團隊,其中的點點滴滴與酸甜苦辣,絕非三言兩語可以形容,非得親身走過這　遭,才能如人飲水,冷暖自知。
>
> 99

　與台灣多數APP遊戲開發團隊堅守iOS陣營的選擇不同,我們做出了多方嘗試不同平台的決定,而非固守在遊戲最初發行的iOS平台上,雖然沒有取得十分出色的銷售成績,但樂風與我都相信這樣的做法,可以讓更多行動平台的玩家認識《邦妮的早午餐》:

進而將它由單一一款遊戲作品,推展成為一個有聲有色的遊戲品牌。

鬼之警語
?????

諸如遠傳電信與其他電信商,在原有的電信通話業務以外,莫不想跨入APP市場分食潛力龐大的APP銷售利潤。然而,國內多數的電信商仍處於非常早期的起步階段,不僅無法給予開發者充足的支援與幫助,甚至反過頭來需要開發者教導他們該如何解決問題。

6-2 掀開投資者的底牌

> 與台灣大多數專注於硬派遊戲類型的開發團隊不同，我們的優勢在於一開始就鎖定了「女性玩家」這個相較於「男性玩家」來說較屬於利基性市場的目標族群。因為與眾不同的遊戲題材與發展方向，得以替我們招來許多合作對象與創投業者們的目光。

除了與台灣微軟及遠傳電信兩次跨平台的合作經驗之外，在《邦妮的早午餐》iOS版取得初步的成績後，我們稍微算是在台灣遊戲APP界闖出了一點名號，隨之而來的就是許多公司企業與創投業者的對我們團隊未來發展的興趣。

外包與併購

不論是樂風或我，我們最常收到詢問就是：「是否接受外包案件的委託？」

除了許多不同產業的中小型企業與組織的洽詢以外，我們甚至也意外地收到台灣大型遊戲公司的詢問，希望能以我們既有的遊戲玩法，結合他們擁有的遊戲品牌與角色，代工製作一款新的遊戲APP作品。

> ❝ 樂風與我打從一開始合作時，就確立雙方絕不以「外包」業
> 務為我們的發展目標。對樂風的伙伴們來說，他們亟欲擺脫
> 只能接受外包委託案的工作業務，並期望朝著自行研發產
> 品、打造自有遊戲品牌的方向前進；對我而言，承接外包委
> 託案完全背離我當初離開遊戲公司的本意，所以同樣是一條
> 不可通行的道路。 ❞

而關於「併購」這回事，原先以為這是只有在網路產業或其他國家
才會發生的事情，所以在第一次被洽詢併購的可能性時，我們完全沒
料想到竟然能受到如此青睞，雖然令我們倍感榮幸與驕傲，但也覺得
這一切似乎來得太快了。

幾位西裝筆挺的大人物們，代表某間巨型遊戲商的亞太總部前來登
門拜訪，並期望能洽談併購我們這個微型團隊的可行性。在兩個小時
的交談過程中，他們對我們的遊戲內容隻字不提。即使他們授命前來
商談併購，自己也擁有iPhone，但很明顯他們並沒有親自玩過《邦妮
的早午餐》。

由於總公司目前正積極尋找優秀的台灣遊戲開發團隊，而他們恰巧
在電視媒體上看見關於《邦妮的早午餐》的報導，因此才找上了我
們。他們的口中，不停高談闊論著公司股權結構、遊戲市場走向，以
及預計今年度可達到多少利潤之類的話語。

原來如此，他們是為了談生意而來的人。

不是因為喜愛我們的遊戲，或認可我們的能力而上門，更不是為了「做出超好玩遊戲」進入遊戲產業的那種人。我很清楚，每個人都有自己做人處事的初衷與目標，生意歸生意、商務歸商務，並沒有什麼不對，只是與我們合不來，因為雙方對於遊戲的理念截然不同。

投資或併購我們的微型遊戲開發團隊？我們自知我們目前創造的價值太小，不值得成為被投資的對象。賣掉公司從創業者變回員工的身份？以現在的情勢來說，這選項並不合理也不合適。成為巨型遊戲商旗下的工作室？很抱歉，這不是我們做遊戲的初衷。

那些創投教我們的事

所謂「創投」，意即為「創業投資」的縮寫，在中國則被稱為「風險投資」。在《邦妮的早午餐》上市幾個月後，開始有數間創投業者主動與我們取得聯繫。我們從來沒有主動尋求被投資的機會，在意外接獲創投業者的聯繫後，便抱著結交不同產業朋友的心態與他們見面聊天。

以我們接觸過的例子來說，大多數負責尋找投資標的的創投業者，仍以男性為主。對於我們鎖定女性族群為主要客群的遊戲來說，他們全然無法瞭解遊戲的樂趣何在，甚至大多數人完全沒有玩過我們的遊戲。有些創投說：「對我們來說，重視的是團隊而非產品。」但他們僅憑著旁人的說法，而非親身嘗試過遊戲體驗，就急著前來探詢我們的想法。

僅有少數幾位女性業者，真正親身玩過我們的遊戲，並且給予很高的評價與肯定。

他們問：「你們覺得自己成功的原因為何？」我們自認談不上「成功」兩字，但隱藏在這個問題的背後，他們真正關心的命題事實上是：

<blockquote>

66

你們是否已經抓住了成功的訣竅？

你們能否複製這次的成功經驗？

抑或你們的成果不過是僥倖得來而已？　99

</blockquote>

簡單來說，他們希望絕大部分的風險與不確定性已被創業者消除弭平，而成功之路上的先決條件亦已準備就緒，現在唯一缺少的東風：非「錢」莫屬。那便是他們的上場時刻了。假設一款遊戲專案投入新台幣100萬預算，最終獲得150萬收入，那麼對於創投來說，最低限度的理想狀態就是投入1000萬，最終至少可回收1500萬的金額。

在每位創投業者的手上，至少握有新台幣數千萬，甚至數億之多的投資基金，這些基金的來源有些來自於台灣政府的四大基金，有些源於創投自有的私募資金，有些則來自於國外的投資組織。但對於創投來說，不論背後的資金來源為何，他們的最終目的只有兩者：

1.私下賣掉你。
2.公開賣掉你。

所謂的「私下賣掉你」，是指他們期望在投入資金與創業團隊一同「上車」後，手上握有的被投資公司股權，能夠在三至五年內向上翻倍，然後他們便可轉手將股份售出並「下車」獲利。而「公開賣掉你」的選項，意指若團隊幹得有聲有色，能在幾年內達到在股票市場上市的規模，他們手中的股權價值通常可以向上翻升數倍甚至數十倍之多，自然是投資者最樂見的一樁美事。

移動平台新時代，投資與被投資的兩難困局

在離開公司，成為獨立遊戲開發者前，曾經我以為「錢」可以幫助我解決眼前的一切困難與阻礙。然而在我投入兩年青春獻身於遊戲APP獨立開發之路後，我才深刻體悟到「錢」這玩意兒，只能讓我過著好一點的日常生活，但它無法幫助我克服這條路上的種種荊棘險阻。

鬼之警語

「可複製性」是許多創投業者不說出口卻非常看重的特質。他們渴望投資的標的物不是為了「創造理念」而生的對象，而是能夠「創造價值」並可複製成功經驗的「印鈔工廠」。如果你可保證你的遊戲未來將於iOS、Android、Facebook與各平台上發行，並全力擴充遊戲產品的產線，同時製作數款遊戲作品，維持獲利模式且不斷向上成長，那麼你必定成為創投業者們熱烈追求的夢中女神。但是，如此一來也可能違背你所追求的遊戲之道。

即使一開始便擁有新台幣五百萬的資金，全部投注在我的遊戲專案上，雇用許多能力高強的開發者，砸下大筆行銷宣傳預算，但同樣無法保證能夠產出優秀的遊戲作品。即使研發出數十種遊戲模式，製作出數百個遊戲關卡，或同時進行五款遊戲專案的開發，也無法提升遊戲作品的成功機率。

規模優勢，在遊戲產業，或至少在遊戲APP領域中，並不見得管用。

我的想法是，如果我在沒有資金投入且資源非常有限的情勢下，無法做出成績理想的好遊戲的話，那麼即便給予我再多的資金、再優秀的人才、再充裕的時間，我也同樣無法有所成就。許多創業者總以為成功或失敗，「錢」是其中最關鍵的因素，但金錢的地位沒有如此舉足輕重。這是許多人不願相信的現實，卻是再真實不過的道理。

在幾次與創投的來回周旋的過程中，除了發現他們對於APP領域仍處於摸索試探階段，所以無法理解為何如此微不足道的數位產品能有機會創造出龐大的價值外，另一項更實際的困難點則在於如何平衡「投資金額」與「公司股權」這座金錢利益的天秤。

以一間資本額為200萬的小公司為例，若創投希望投入20萬以取得10%的公司股權，雖然這數目對他們來說如同九牛一毛，但我相信沒有任何公司負責人會願意接受這項條件，為了20萬資金而讓出10%公司股權。然而若站在小公司的角度，要求創投投入100萬資金，卻只讓創投佔得10%股份，同樣也是全然不可行的條件。

對於創投來說，雖然看見了幾個頗有潛力的小型團隊，但他們心裡

160 **半路叛逆** ▶ APP遊戲製作人的1000日告白

也害怕在光鮮亮麗的表象褪去之後，我們這些小傢伙不過是「一片歌手」罷了。就像螢光幕前的許多偶像歌手一樣，雖然出道時的首發作品獲得還不錯的成績，但卻沒有辦法持續成功的模式，很快地失去鎂光燈的關愛，淪為「只紅一次」的過氣歌手。

此外，我們團隊經常面對的質疑就是：我並非「樂風創意視覺」的公司成員，而樂風公司內也沒有任何一位程式設計師的成員。多數創投只投資有正式立案的公司行號，而不會投資「個人工作室」或像我們一樣橫跨幾位不同程式設計者的團隊。在他們的眼裡，我們團隊的組成模式並不符合投資的先決條件。

> 創投業者們的思維，正由過去投資那些資本密集化的傳統產業與高科技產業，緩慢地轉移適應這個嶄新的「移動平台世代」。若我們只願墨守成規，沿襲過往流傳下來的做事規則與態度，無法因時制宜、因地變通的話，我們勢必雙雙卡死在原地無法動彈，像是在橋樑上互不相讓的黑羊與白羊般，最終雙雙墜落溪谷深處。

新的時代，新的戰場，我們需要新的思維與新的勇氣。

是否有可能在不考慮公司股權分配的情形下，以個別「遊戲專案」為投資標的？開發團隊與創投業者，雙方各投入一定比例的開發資金，在遊戲上市後共同分配遊戲利潤及後續的衍生權利。若採用類似好萊塢電影工業般的「專案制」，是否能夠開創另一條雙方共榮互利的嶄新投資模式？

半路心得

從2012年開始，我們逐漸感受到創投業者們更願意放低姿態，甚至大方說出自己期望的方向與投資條件，也更有意願嘗試投資早期及種子時期的團隊。身處在這波APP浪潮中，對於具有產品研發能力的遊戲團隊來說，是個非常稀有寶貴的絕佳時機點。

我衷心希望這股投資的風氣能夠繼續成長茁壯，化為帶動微型APP創業的春風助力，使台灣在這個不需要龐大資本設備的APP經濟中，也能在世界舞台上佔有一席之地。

你的賭博，我的拼搏

> 在這段魔幻寫實般的冒險旅程裡，種種經歷中真正烙印在我的腦海內，使我難以忘懷的是某位創投業朋友不經意脫口而出的一句話：「投資遊戲APP，就像在賭博一樣。」

當下我只是微微點了頭，沒有應答些什麼，但這句話卻纏繞在我的心頭上久久不散。

身為遊戲開發者，你的APP，不論你自認有多麼驚人或者多麼美麗，對投資者來說不過是「百萬APP海」中的其中一個小小APP，如何教人相信是你的APP會突圍而出，又如何說服別人你的遊戲將會成為下一款「憤怒鳥」，而你的團隊就是那個成功以小搏大的「金雞母」？

對投資者而言，決定投資與否，可能只是幾個數字的計算與幾張合約的簽訂。大多數時候，難以預測賭注的勝算究竟有多少，但他們也

不見得真正在意這場賭注的輸贏，因為賭本不是自己銀行帳戶裡的錢，而且我們不過是他們手中數十、數百場賭注中的其中一場罷了。

但對於我，以及我所有共事過的伙伴來說，我們每日身處漩渦之中，拿著自己的人生與青春貫注其中，最終孕育出來的遊戲作品，不論是成功或失敗，都是一場操之在己的拼搏。我們所能做的，就是把自己能力範圍內的事情做到最好，餘下的就交給上天來決定。即使最終失敗了，我們不會說自己是因為「運氣不佳」而失敗。我很清楚，運氣的因素永遠存在，但也永遠不該拿來做為成敗的藉口。

從前沒有錢的時候，總以為天底下最困難也最重要的事，就是如何取得足夠的金錢，才能讓我去做我想完成的事情。直到現在，雖然我同樣沒有錢也沒有成功，但我開始懂得，原來天底下最困難也最重要的事，是如何「不去拿錢」。

想要拿到錢，最好的目標就是你的客戶，你的遊戲作品的玩家。

於是，耗費許多寶貴的時間與精力，走過這一趟充滿金錢誘惑的冒險旅程後，最終我們沒有接受任何天使投資人或創投業者的合約。

鬼之警語

身為走在創業之路上的勇者們，我們必須透徹體認天底下沒有不用代價的早午餐。眼前的這些金錢與利益，並不會平白無故奉上而不要求任何回報。在收下他人的錢之前，你必須做好連本帶利歸還的心理準備。度過相安無事的初期後，從某天開始，這筆恩賜可能會變成你的人生與事業中最沈重的壓力來源。

6-3 那些創業路上的糖果屋

> 這一路上，我們的舌尖確實嚐到了些許甜美的滋味，但隨之
> 而來的卻是更多苦澀的後味。很多時候，那種期盼從他人手
> 中獲得「肯定」、「獎勵」或「追捧」糖果時的心情，反而
> 會影響我們的工作情緒與團隊士氣，更會減損我們進行游戲
> 開發的專注力。身為團隊規模極小的獨立遊戲開發團隊，我
> 們必須具備勇於取捨機會的決斷力。

在《邦妮的早午餐》正式上市之前，透過業界友人的熱心介紹，我
們得知台北市政府從2010年開始，每年度皆編列一筆預算，設立一個
叫做「SBIR創新補助案」的補助專案計畫，可供台北市的中小型企業
申請研發創新產品的經費補助款項。

由於我們以前從來沒有和公家機關打交道的經驗，不知道我們像這
般極小型的公司團隊是否能夠通過申請。雖然游戲仍未上市，但我們
已經非常確定會將遊戲移植到其他行動平台並製作第二款續作，所以
我們就抱著姑且一試的心態報名這項專案計畫，就算沒有通過審查，
也就當作是個學習的過程吧！

然而這項「SBIR創新補助案」的申請資格，必須是合法立案於台北
市的公司，並不能夠以個人或工作室的名義去申請，所以便交由樂風
團隊的伙伴們，以「樂風創意視覺」的公司名義前去報名申請。我們
申請的專案補助項目為：

1.移植《邦妮的早午餐》至微軟芒果系統行動平台。
2.開發《邦妮的早午餐》二代作品。

政府補助案

所謂的「SBIR」（Small Business Innovation Research），意思為「小型事業創新研究」。這項補助專案的用意在於鼓勵中小型企業及微型公司的產品創新研發，期望能藉由政府幫忙出錢補助部分經費的方式，促使中小企業更加勇於嘗試研發具有創新性的產品，可說是立意相當良好。補助案的基本申請規則如下：

1.公司不可有負債。
2.公司在過去三年內不可有政府他項補助案的違約紀錄。
3.由公司編列研發經費預算，政府最多補助50%預算。
4.補助款上限最高為新台幣100萬元。

所以若以一個成本預算為200萬的遊戲專案為例，申請「SBIR創新補助案」最多可取得100萬的補助款項，另外的100萬則需由公司自行負責支出。很幸運地，在接受這項補助案的面試審查時，我們的遊戲剛上市不久，在報章媒體上獲得不錯的迴響，借助這股順風的勢頭，我們的補助案申請也得到了些許優勢。

最後，在通過補助案申請的41間廠商名單上，看見「樂風創意視覺」名列其中，沒想到我們真的通過審查了！通過的補助款項為90萬元，而且在這第二屆的「台北市SBIR創新補助案」中，我們是第一組

也是唯一一組以遊戲APP開發項目獲得評審青睞的公司，其他獲選的廠商多以製作硬體器材或設備材料為申請項目。

> 除了必須事先備妥繁複厚重的公司文件以及簡報資料以外，在幾次面試審查的過程中，我們發現諸位審查委員的思維邏輯相當偏向於「技術本位主義」。

當樂風團隊的伙伴在接受面試審查時所受到的第一項質疑，便是在公司內並沒有技術人員的編制；在我們這樣的合作模式中，我所扮演的角色只能算是「委外研發」而已，並不能算得上是公司核心的優勢之一。

除此之外，另外一項關於補助案的問題，在於我們當初於申請計畫中列入的所有「產品功能」項目，必須分毫不差地完成。若有計畫執行中新增的功能項目，則不會列入產品檢核的範圍中；但如果真的有某項原先條列於計畫中的功能項目必須移除，則公司必須另外繳交一份「計畫變更」報告，徹底說明為何無法完成該功能項目。

如此不具彈性的做法，非常不利於遊戲APP的開發流程，更不符合真實的專案開發情況。所謂的遊戲開發，並非只要照著厚重如百科全書般的「超級計畫書」按部就班地執行，就能夠保證做出成功的遊戲作品。這般補助專案的規定，就像是軟體工程中的「瀑布式流程」般老舊而過時，更不適合用於需要迅速應對改變的遊戲APP開發流程。

雖然獲得了這筆來自政府的資金補助，使我們能夠稍微喘口氣，比較有餘裕地移植《邦妮的早午餐》至芒果平台以及開發新的遊戲續

作，但我更期盼政府的相關單位能加快步伐，將過去輔導硬體及科技產業的思維，迅速轉換為真正對於軟體產業與文化產業有助益的方向上，才能孕育出更多優秀的創業團隊與創新產品。

數位內容競賽

《邦妮的早午餐》上市後，除了有許多報章雜誌等媒體對我們遊戲作品的報導之外，我們也很幸運地入圍了經濟部工業局委託「台北市電腦公會」每年舉辦的「數位內容產品獎」。

「數位內容產品獎」，是台灣最盛大的遊戲開發競賽，得獎的公司不僅可獲得獎座，最棒的是可得到獎金新台幣30萬元的實質獎勵。這筆獎金對大公司來說或許不值一提，但對我們這樣的小型獨立開發團隊來說，卻是一筆可以讓我們多生存數個月的寶貴資金。

半路心得

相較於台灣許多奉技術為主桌的硬體廠商來說，遊戲作品更像是結合工程、藝術與文化價值的「工藝品」。遊戲中的整體美術設計與視覺呈現，是任何一款商業遊戲作品中不可或缺的重要角色。然而在這些可能全數是理工背景出身的教授與官員眼中，「美術設計」全然稱不上是具有技術含量的優勢能力。對審查委員而言，他們更看重的是我們是否具有遊戲引擎工具，或是否擁有獨家專利技術等工程面向的優勢。

主辦單位將報名參加競賽的產品區分為「創新軟體組」以及「數位遊戲組」。這樣做的問題在於,所有的遊戲不論規模大小全納入「數位遊戲組」,於是在獲得入圍的名單中,不僅有像我們一樣極小型的APP遊戲、也有傳統的單機遊戲、中型的線上網頁遊戲,以及最大型的萬人線上遊戲。

除了我們以APP遊戲作品入圍以外,另外還有少數幾間以APP遊戲入圍的小公司,但其他競爭者多為傳統老牌的大型遊戲公司。在舉辦評審面試活動時,看見那些大公司擺設出來的掛報立旗與電視電腦的華麗場面布置,我們自知得獎的希望不大。果然,最終得獎的遊戲產品不意外地全來自於傳統的遊戲公司。

在號稱台灣最盛大的遊戲開發競賽中,很可惜地,評審委員全為男性所組成。在評審提問的過程中,我們在他們的臉上看見滿滿的問號;他們無法從女性的角度觀點出發,理解為何我們的遊戲能受到女性玩家的喜愛。於是評選得勝的遊戲作品,自然多以傳統硬派的遊戲類型為主。

❝ 像這樣的數位內容競賽,原意為以獎項與獎金實質性地鼓勵優秀傑出的遊戲產品,但若只是將所有的遊戲作品,不分規模大小放在同個分類中進行評選,對於小型獨立遊戲開發者可說是沒有任何優勢可言。到頭來,這些理應促進台灣遊戲產業發展的競賽,可能落得只是場徒具形式而沒有太大意義的圈內賽事。 **❞**

APP星光大道

在2011年中，台灣開始掀起APP浪潮時，突然間大家對「憤怒鳥」的成功故事倒背如流，政府官員也開始理解這股「APP趨勢」可能帶來的龐大經濟效應。於是不知道從何處天外飛來一筆，政府單位想出了仿效素人明星選秀節目的方式，製播「App Star高手爭霸戰」電視節目。

" 將「APP開發」搬上「電視節目」，這個想法可行嗎？

真的做到了，成果也確實不盡理想。 **"**

與那些能夠立即引起觀眾興致的歌唱或跳舞比賽不同，APP的開發過程相當漫長沈悶，而且也不具備任何的娛樂性質。為了將APP開發這回事放到螢光幕前，所以勢必得製造出歡欣有趣的娛樂氣氛，所以節目找來幾位通告藝人在節目上製造笑點，也讓幾位來自業界的評審跟著一起搞笑要寶。但這樣的做法，不僅讓真正需獲得注目的APP失焦，也會使觀看節目的人覺得突兀不自然。

雖然這項競賽有將APP區分為「社會組」及「學生組」兩個比賽組別，但卻沒有進一步將「應用類型APP」與「遊戲類型APP」區隔開來，以致於原本就強調聲光娛樂效果的遊戲APP，天生比應用APP更能吸引觀眾與評審的目光，對於使用價值不同於遊戲APP的應用APP來說，是場一開始就知道最後結局的比賽。

種種改善與調整，都無法挽回低迷的收視率，節目播放的時段越調整越冷門，無法引起電視觀眾與APP開發者的興趣，最後在競賽頒獎

默默結束後，便沒有再聽到製播相關電視節目的消息了。而原先主辦
單位承諾節目參賽者，會幫忙將獲獎APP推廣到國外去的說法，更完
全沒有實現，淪為政客選舉般的空虛口號。

泡沫化的APP政策

除了沒有達到實質成效的「APP星光大道」，以及先前被批評到體
無完膚的「APP123」電子書產生器以外，政府單位毫不氣餒地接續
推出「APP創意園區」政策，仿效國外正火的創業育成模式，提供場
地空間給APP創業者進駐，並藉此宣稱可達成「培育出上千位APP開
發者，年產二萬款APP」的目標。

拜過去二十年來高科技產業的蓬勃發展，以及效率極高的代工製造
能力所賜，在台灣這個沒有什麼天然資源的小島上，孕育出許多國際
知名的硬體廠商與資通品牌。但我們在幾次與這些大公司接觸的過程
中，可以很明顯感受到他們高高在上的態度，不認為遊戲APP是上得
了檯面的內容，反而抱持著「讓你們在我的平台上架是你們的福氣」
的做事態度。

這不僅是硬體廠商們沿襲多年的傳統思維，也充分反映出許多長輩
的想法：遊戲，是不入流，甚至有害無益的玩意兒。

於是很多台灣的硬體廠商，紛紛仿效APPLE推出各種功用更多、效
能更強的平板電腦與智慧型手機，但他們卻始終搞不懂，為何無法用
效能規格與削價競爭的方式勝過APPLE與韓國三星的產品。情勢相同
地，政府官員可以在沒有全然理解市場遊戲規則的情形下，大聲喊出

年產二萬款APP作品的口號。

對APP開發者來說，金錢不一定能夠直接解決眼前的問題，與其設立更多的補助案或創辦更多的競賽獎項，不如舉辦數場與APP開發者面對面的座談會，仔細聆聽他們真正迫切需要的事物為何。其中的首要之務，莫過於厚植「國際市場行銷」的能力；而所謂的國際市場行銷，並不是只要在政府出版的產品型錄中寫上產品的英文介紹，就能夠達到理想的宣傳成效。

> 66 身為APP開發者，除了迫切渴望的行銷支援以外，我們也需要測試品管、法律諮詢以及在地化語言翻譯等等服務。這些重要的基礎建設與服務平台，不見得能在短期內看到令人讚賞的卓越成效，也很難以數字評量施行的績效，但政府單位若真的想幫忙做些什麼，非得腳踏實地執行這些吃力不討好卻影響深遠的基礎建設，才是APP政策的正道。 99

五彩繽紛的糖果屋

在2011年底時，樂風的伙伴與我藉由《邦妮的早午餐》獲得的一點點小成績，非常榮幸地獲得城邦出版集團旗下的「經理人」管理月刊，評選為百位「年度最佳經理人」之一。名列年度「百大經理人」，全然是過譽的肯定，我們莫不感到誠惶誠恐。但能有機會與許多中大型企業的執行長及高階主管共同列名其中，而我們也是唯一以「APP遊戲開發」項目得到肯定的團隊，著實令我們倍感榮幸。

各種大大小小的補助、競賽或獎項，就像是創業路上的美麗糖果

屋,當我們接受邀請進入屋內一遊,有時能獲得加速前進的實質動力,有時卻反而會使我們耗損更多精神體力,喪失寶貴的機會成本。

　　並非所有的機會都是「好機會」。當機會來臨時,有時需要斷然拒絕,有時則需悉心準備。

　　在數個不同平台的合作案、與創投業者的會面、補助案申請,以及參加競賽種種經歷的過程中,我們不得不付出大量的時間精力,回覆信件電話、準備文件報告,並來回奔波以進行協商會談。當中最辛苦的人,莫過於我們的遊戲製作人溫韻華;她一肩扛起責任,化身成團隊內外的溝通橋樑,幾乎一手包辦所有大小合作事宜,在一整年的時間裡,為《邦妮的早午餐》做出許多犧牲奉獻。

　　有時候,對方提出的合作案令人心動不已,但在真正走過一遭後,才會知道其中的酸甜甘苦。無論結果如何,回歸我們製作遊戲的初心,即使再美麗的糖果屋也不是我們選擇踏上這條道路的目的地。倘若有幸得之,則欣然以對;但若無緣相見,倒也無妨。

　　別想倚靠補助,別想仰賴競賽,更別巴望政府的作為。

　　台灣的獨立遊戲開發者與創業者們,我們必須憑藉自己的力量,闖出一條新的生路。

第七關 撼動時代巨輪

歌舞伎：「世界的裂縫打開了，究竟是通向地獄之門？還是前往光明之路？」

7-1 第二次遊戲世界大戰

　　從前，在那個美好的九Ｏ年代裡，台灣自製的國產遊戲作品，可謂是百花齊放、爭奇鬥豔，不但有武俠風格的史詩級大作，也有可愛風格的溫馨小品。從角色扮演類型、策略模擬類型到動作格鬥類型等，在遊戲市場上充滿各式不同類型的遊戲佳作。那個年代，可稱得上是國產遊戲作品的黃金盛世。

　　然而當電腦儲存媒介越來越便宜，網路傳輸速度越來越快後，遊戲軟體的盜版情形，已嚴重威脅到單機遊戲的生死存亡。當「實體盜版光碟」與「網路非法下載」幾乎成為不可逆轉也不會消滅的事實後，遊戲業者不得不另謀出路。於是，萬人線上網路遊戲於千禧年前後進入台灣，掀起一場腥風血雨般的世界大戰。

> **66** 在這場「第一次遊戲世界大戰」中，沒能及時反應或順利轉型的遊戲工作室，紛紛中箭落馬而關門倒閉。**99**

　　而在這波新浪潮中，迅速抓住風向趨勢的人，紛紛成立了以網路遊戲為主業的新型態遊戲公司，高舉大旗成為這場戰爭中的領頭羊。這些新興遊戲公司，不僅屢戰皆捷、獲利頗豐，更躍上股票資本市場，也一舉將台灣遊戲產業的年產值，推升至新台幣百億元的歷史新高。

獨立勢力拉出全新戰線

時間來到2008年，就在許多線上遊戲公司的營收屢破新高，推出線上遊戲作品的速度越來越快，看似前景一片大好之時，有三股嶄新的年輕勢力，正在悄悄醞釀當中：

第一勢力為「網頁遊戲」：

以Flash、Javascript、HTML5等技術為帶頭大哥，與傳統網路遊戲最大的不同之處，在於大幅降低玩家的進入門檻。玩家不再需要購買光碟、下載檔案並安裝遊戲，取而代之的是只需開啟瀏覽器連上網路便可開始玩遊戲。

第二勢力為「社交遊戲」：

以Facebook平台馬首是瞻，從社交平台轉變成遊戲平台，藉由親朋好友與社群團體之間的感染力與擴散力，將原先不玩遊戲，也從不認為自己是個遊戲玩家的人拉進了遊戲圈內，完全顛覆以往遊戲產業對於「遊戲玩家」的定義。

第三勢力為「行動遊戲」：

以iPhone為開拓者，Android等人隨後追上。當智慧型手機被APPLE重新發明後，許多遊戲開發者也意識到行動平台將成為下個極具發展潛力的新興平台。這波由智慧型手機帶起的行動熱潮，已將舞台準備妥當，並且把上台演出的機會交到每位開發者的手中。

當這三股新勢力仍在孕育初期時，眼前可獲得的遊戲營收及相關利益，皆遠遠不如傳統的客戶端網路遊戲。所以在這幾年內，我們在各大媒體中不斷看到遊戲業的大老闆們喊出「網頁遊戲不會影響我們」、「不考慮投入研發社交遊戲」，以及「行動遊戲只是一時熱潮，玩家終究會回歸電腦遊戲」這樣的話語。

當大象來不及轉身時，正是螞蟻的最佳機會。

在傳統客戶端線上遊戲的黃金歲月裡，每款遊戲的每月營收甚至可達千萬以上；相較之下，若以遊戲公司的體制，去製作一款iPhone遊戲，至少需投入百萬資金，但連是否能夠打平開銷都是個極大的問號。所以在傳統遊戲公司的大老闆眼裡，自然看不上這些風險極高且利潤極低的遊戲平台。

> 而這正是小型遊戲開發商及獨立遊戲開發者的優勢所在：大企業看不上眼的新興市場，卻可能已經具備養活數十間小公司的市場規模。

戰場上的傳奇先鋒

即使許多人不願意承認，但目前這三股新勢力已經發展到無法令人小看的程度，許多國際級的遊戲開發商，莫不積極投入相關平台的遊戲研發與市場行銷。在本章節後續篇幅裡介紹的三款遊戲作品《Minecraft》、《Tiny Tower》以及《勾玉忍者》，正為這個第二次遊戲世界大戰的多元化，下了一個很好的註解。

《Minecraft》，最初的發行平台為個人電腦及網頁，是一款來自瑞典開發者一人製作的獨立遊戲作品。與大多數商業遊戲採用的收費模式不同，其遊戲開發者早在《Minecraft》仍未開發完成的前期測試階段，便開始向玩家收取一次性的費用。而後，隨著遊戲的完成度越來越高，遊戲定價便向上提升一些。所以越早進入遊戲的玩家，能以越便宜的價格購買遊戲。

《Tiny Tower》，為一款iOS平台的免費遊戲，遊戲開發者來自一對兄弟組成的二人獨立開發團隊。在一片定價為0.99美金的App遊戲海中，此遊戲打出免費的旗幟，讓玩家不用先付錢就可下載遊玩。遊戲中採用溫和式的虛擬貨幣販售機制，使玩家能出自於內心地付費獲得遊戲貨幣，同時也以實際行動支持遊戲開發者。

66 如今，《Minecraft》發售於個人電腦、iOS平台以及XBox Live Arcade上，各平台版本合計已突破一千萬套銷售量，達到史無前例的獨立遊戲高峰。《Tiny Tower》獲得2011年度蘋果官方評選的最佳遊戲殊榮，每日活躍用戶突破一百萬人之多。而我與Zack共同合作開發的《勾玉忍者》即將問世，我們將以這款熱力十足的動作類型遊戲，挑戰全世界的APP遊戲舞台。 99

免費，更血腥的拼搏

有別於傳統遊戲平台上的遊戲售價多受制於發行商或通路商的掌控，在行動平台上，APP開發者擁有更多元化的獲利選項可供使用。目前較常見的幾種商業模式如下所示：

1.「固定價格，高定價」：

價格通常訂為6.99美金或更高。此定價模式的優點在於獲利能力高，且擁有極大的價格調整與折扣空間；缺點則是唯有極具知名度的國際級遊戲公司，能成功採用此定價策略。

2.「固定價格，低定價」：

絕大多數定價為0.99美金，優勢在於購買門檻極低，易於吸引受到朋友、網站或其他媒體影響的衝動型購買者；缺點則是競爭者眾多，是個血流成河的激烈戰場。

3.「固定價格，中定價」：

一般定價為2.99至4.99美金左右。此定價模式大多瞄準以利基目標市場為主的玩家族群，遊戲類型及題材通常較為特殊少見，且有一群熱中投入的粉絲玩家，比較適用於已建立一定知名度的小型或獨立遊戲開發者。

4.「免費下載，內嵌廣告」：

藉由「免費」的手段，將玩家購買遊戲的門檻一舉下降至零，並藉由內嵌於遊戲中的各種廣告服務以獲利。缺點在於需要達到龐大的下載數及每日活躍用戶，才能支撐遊戲開發的支出費用並進一步獲利。

5.「免費下載，內置商城」：

同樣是以免費模式，吸引玩家無痛下載遊戲。當玩家認可遊戲樂趣後，再藉由遊戲內置商城，透過遊戲中購買（In App Purchase）的方式，付費購買虛擬貨幣、加強功能或附加內容。採用此模式的缺點，在於開發過程中需同時考慮遊戲廣度、內容深度，並平衡遊戲樂趣與獲利選項的設計機制，是非常困難艱鉅的任務。

其中值得深入探討的是「遊戲內置商城」的商業模式。無論是付費遊戲或免費遊戲，都有可以在APP內採用遊戲中購買的獲利方式，使玩家有機會在同一款遊戲作品中重複消費。

> **"** 由於「遊戲內置商城」的重複獲利性很高，目前在App Store
> 中的獲利排行榜上，甚至有高達七成以上的遊戲，皆具備遊
> 戲內購商品機制。**"**

有些人絕對不玩「免費遊戲」（Freemium Games），他們認為打著「免費」旗幟的遊戲作品，是誆騙玩家進入遊戲才開始花大錢的商業伎倆。

但我認為「免費」只是一種工具，只要使用得當，它可以幫助沒沒無名的獨立開發者打開遊戲作品的名聲，也能夠使遊戲作品的壽命長久延續下去。

半路心得

身為獨立遊戲開發者，我們應當將「遊戲內置商城」視為一種機會而非一種威脅。只要以善意出發並尊重玩家，秉持著帶給玩家樂趣的原始獨立精神，我相信一定能發展出不僅對開發者有利，同時也對玩家有益的成熟共利模式。

最壞的年代，最好的年代

放眼望去，App Store、Google Play、Amazon Appstore、Steam等數位內容下載平台服務，打破了現實世界中的地域藩籬，在台灣這個小島上的我們，透過網路可以立即購買並遊玩地球另一端的人們開發的遊戲作品，反之亦然。我們必須跟上時代的巨輪，不被新技術與新平台的洪流淹沒，開創出一條屬於我們自己的道路。

　　除此之外，由國外著名的群眾募資網站「Kickstarter」中許多成功募資的遊戲開發專案，也讓獨立遊戲開發者看見嶄新的資金來源與方向。如今台灣也有數個群眾募資網站，正在萌芽發展中，期望它們最終能成為支撐獨立遊戲開發者與其他創作者夢想的堅實後盾。

❝　對獨立遊戲開發者來說，這是個前所未見的「黃金年代」。
　　我們可以集中心思與精力，做出最優秀的遊戲作品，不需要
　　擔心如何架起金流管道，又該如何與通路商打交道。

　　定價策略掌握在開發者的手上，我們更能夠大膽嘗試及靈活調整各種不同的商業模式，從中混合並創造出新的營利模式。這個世界，從來沒有距離我們這麼近過。

　　時間不會等待任何人，請及早做好準備：歡迎來到第二次遊戲世界大戰。

7-2 《Minecraft》：你可以走不一樣的路

> 《Minecraft》沒有猶如動畫電影般的細膩畫面，也沒有可歌可泣的故事背景，更沒有俊俏美麗的人物角色：它是一款從頭到尾全由像素點畫（Pixel Art）美術風格建構而成的遊戲作品。在《Minecraft》的世界中，從原野、山丘、樹木、洞穴到各種動物，觸目所及全是由像素一點一塊構成的物體與景色。

《Minecraft》，是由來自瑞典的Markus Persson一人開發完成的獨立遊戲（Indie Game）作品。

乍看之下，簡直就像是紅白機時代的古老遊戲。這款貌似樸實無華的獨立遊戲，於2011年的「遊戲開發者大會」中囊括四個獎項，包括「最佳新秀遊戲獎」、「最佳下載遊戲獎」、「IGF觀眾票選獎」以及「Seumas McNally大獎」，堪稱最近幾年以來，最受遊戲玩家與開發者社群矚目的獨立製作遊戲作品。

前無來者的銷售記錄

Markus Persson於2009年末時，釋出遊戲的封閉測試版本，並從此時便開始對遊戲玩家收費。於2010年十月時，已經達到32萬套下載量的可觀成績。

而在他將遊戲推進至開放測試階段時，旋即於2011年一月突破了100萬套銷量，並不斷持續向上成長。來到2012年中旬，《Minecraft》於各平台的銷售量總計已超越1000萬套，達到從來沒有任何一款獨立遊戲作品曾達成的境界。

在市場行銷層面，除了早期曾投入500美金嘗試使用「Google廣告」之外，Persson完全沒有採用任何的付費行銷及廣告宣傳。在獲得如此巨大的成功後，Persson招募了幾位新的成員，並且成立自己的遊戲公司「Mojang」，積極著手將《Minecraft》移植到其他的平台，並也同時開發他們的第二款遊戲作品。

經過了長達數年之久的封閉測試與開發測試階段後，《Minecraft》已正式上市，收費方式為一次性的付費下載，同時提供線上網頁、Windows、Mac及Linux多種不同平台的版本，付費後即可自由下載遊玩任一平台的遊戲版本。不同於一般獨立遊戲作品常見的固定價格，《Minecraft》採用非常少見的「遞增定價」付費模式：

> 封閉測試：9.95歐元
> 開放測試：14.95歐元
> 正式上市：20歐元

採用階梯式的價格策略，不僅在實質意義上獎勵了那些早期投入的「早鳥玩家」，也促使這些玩家成為遊戲最忠實的粉絲，在網路上製作了許多趣味十足的影片，進而吸引更多的新玩家進入《Minecraft》的世界。

而在測試階段即收取費用的做法，也使開發者可獲得足夠的資金，支撐遊戲開發前期所需的各項花費及支出。

探索全新的可能性

《Minecraft》的核心理念是「探索」與「生存」，主要的玩法機制則在於「拆解」與「組合」兩項基本行為。

就像是數位遊戲化的樂高積木玩具一樣，在遊戲中，只要你擁有足夠的創意與執行力，每個人都能夠一磚一瓦親手製作出各種物件以及五花八門的建築物，甚至是雲霄飛車。

在非常著名的遊戲玩家心理學「巴托爾測試」（Bartle Test）中，將玩家分為「成就者」（Achievers)、「探險者」（Explorers）、「社交者」（Socializers）以及「殺手」（Killers）四種面向。

> 目前市面上大多數的多人線上遊戲，充斥著無止盡的打怪、搶寶、升級以及相互砍殺的螺旋，幾乎全是為了滿足「成就者」（升級衝裝）、「社交者」（組隊聊天）與「殺手」（多人對打與公會戰爭）而製作的遊戲產品。

《Minecraft》不同於我們所熟知的多人線上遊戲，而是大大地滿足了「探險者」類型玩家的渴望。我不知道是否有人曾像我一樣想：「我喜歡的做的事是探索世界，而不是升級打怪。」從《Minecraft》所獲得的斐然成績，證明了確實有為數眾多的玩家渴求著這種類型的遊戲，而Persson聽到了他們的心聲。

　　「遊戲」做為一種創作形式與一種娛樂媒介，同樣擁有形形色色的樣貌風格與無窮無盡的可能性。

做自己也能改變世界

　　身為遊戲開發者，從《Minecraft》的成功案例中所學到的一課，並不是叫我們每個人都該甩掉美術設計者，遞辭呈離開公司，然後開始製作一款復古風格的挖礦遊戲。剝除華麗絢爛的視覺外衣，在這個資訊過載的複雜世界中，反璞歸真的簡化設計，有時候反而更能深入人心：

　　獨立遊戲開發所追求的核心價值，是一份回歸遊戲本質的樸實樂趣與單純感動。

　　不可否認的是，遊戲，確實有著令人沈迷著魔的負面元素存在；但遊戲的另一面，同樣有著讓我們發揮創造力、獲得啟發及產生改變的正向元素。遊戲不只是一項科技數位化的新玩具，不僅止於小男孩夢中的幻想世界，也並非只有暴力與色情的基因存在。以「遊戲」為名，可以為惡，亦可為善。遊戲，不僅止於你我眼前所見的這些內容。

半路心得

從獨立遊戲作品的內涵中，我們所看見的，除了多樣化的遊戲風貌以外，更重要的是作品中展現的創造之美與人性精神。獨立遊戲，展現了全然不同於傳統商業遊戲的無限可能性。我相信只要我們願意嘗試冒險，「遊戲」可以是一種創作媒介，「遊戲」可以成為新世紀的藝術形式，「遊戲」更可能改變世界：而且是以好的方式改變。

7-3　《TinyTower》：如何黏住你的玩家？

> 「你補貨了嗎？」
> 「我蓋了一間新的店鋪，竟然是我最喜歡的博物館耶！」
> 「我已經有69個人得到夢想工作了唷～」

　　以上描述的是一款叫做《Tiny Tower》的遊戲遊玩情境，這是一款iOS平台的策略模擬類型遊戲，由先前曾製作《Sky Burger》及《Pocket Frogs》等著名免費遊戲的遊戲開發商「NimbleBit」製作發行。

　　「NimbleBit」是由Ian Marsh與David Marsh這對年輕兄弟共同創立的二人公司，《Tiny Tower》與他們先前的熱賣遊戲一樣，同樣是屬於「免費增值」（Freemium）類型的遊戲。

平凡的開場

　　身為Tiny Tower這座小小巨塔的造物主，我們可以做的選擇其實並不多。當你存夠了錢，向上拓展新的樓層之後，可以從六種類型的店鋪中挑選其一建造：

　　居住所、文創業、零售業、娛樂業、服務業、餐飲業。

　　玩家只能選擇想建造的樓層店鋪分類，無法明確指定自己所想要的店鋪。以「餐飲業」為例，在建造完成之前，我們無法得知最終完工的店鋪，究竟是「咖啡館」、「披薩店」、「冰淇淋店」或「高級餐館」。

　　塔裡的居民稱之為「點陣人」（Bitizen）：以像素點畫風格，一點一格創造建造出來的居民。玩家首先必須建造「居住所」，才能招募居民們入住；居民入住後，就可以派遣他們到各樓層的店鋪中工作，而每一位居民都有各个相同的屬性數值，以及自己夢想中的工作。

　　在這個摩天大樓的小世界裡，流通著兩種貨幣，分別是一般的「錢幣」（Coin），以及「鈔票」（Tower Bux）。錢幣的主要用途，在於讓玩家能夠向上拓展新的樓層，以及用來採買店鋪的備料貨物。錢幣的主要收入來源，則是每間店鋪售出貨物後的進帳。即使在玩家離開遊戲時，只要店鋪中有足夠的貨物供給，錢幣數就會持續不斷地向上累積。

> 66 如同休閒玩家很熟悉的模擬類型社交遊戲一樣，在這個詳和
> 寧靜、與世無爭的摩天大樓中，既沒有具有挑戰性的元素與
> 遊戲玩法，也不會有促使玩家的腎上腺素激增的緊張時刻！ 99

微妙的運氣

　　《Tiny Tower》的遊戲核心設計機制，一言以蔽之，就是「隨機性」。

> 不論目標為何，一旦我們可以用金錢的數量來衡量它，事情就會立即
> 變得簡單直接：口袋的深淺，決定了你和目標之間的距離有多遠。玩
> 家可以很快地花錢，得到滿足感，接著迅速地失去繼續玩遊戲的動機
> 與意義。

忍術奧義?????

玩家真正能夠運用策略的時刻少之又少，幾乎所有的選項都仰賴你的運氣及遊戲的隨機性，以得出最終的結果。

相較於隨機性要素很少的傳統遊戲來說，輕量級遊戲組成元素中，往往調配了更多「運氣」的成分。

一旦加重了運氣與隨機性的成分，即便是技術不夠出色的玩家，仍保有相當程度的機會能夠取勝。與你的操作技巧或反應神經無關，「任何人都有可能走好運中大獎」，便是遊戲引人入勝之處。

國外有位知名的遊戲心理學家Jamie Madigan，以「良性羨慕」（Benign Envy）這項心理學術語提出一個想法：當我們看到朋友擁有那些自己想要的店鋪時，若遊戲允許我們使用實際金錢購買自己想要的指定店鋪，將可幫助這款遊戲獲取更多額外的收益。

沒錯，我相信這麼做可以讓遊戲開發商立即且迅速地賺到一大筆錢，但若遊戲設計機制果真如此，那麼我想遊戲玩家也會很快地流失無蹤。

> 66 隨機性，是《Tiny Tower》遊戲設計機制中的根髓。讓玩家
> 必須「走好運」才能夠開設他想要的店鋪，正是玩家願意持
> 續不斷地玩下去的主因之一。 99

黏性策略

　　從基本玩法來看，《Tiny Tower》與一般常見的Facebook社交遊戲，似乎並沒有什麼太大的差別。假設它只是一款平凡的免費社交遊戲，那麼可預期的遊戲模式應該會是：「打開遊戲，點點點點點，收工，離開遊戲。」但為何玩家會持續地玩下去？主要有幾項繼續玩遊戲的動機：

1.獲得「VIP訪客」的幫助：

　　VIP訪客，可幫助玩家立即獲得一筆收入進帳、減少樓層建造時間，或是帶領新的居民入住，對於遊戲過程的幫助相當大。

2.取得「鈔票」：

　　雖然即使玩家沒打開遊戲時，仍會不斷地有錢幣進帳，但「鈔票」卻是必須要在遊戲的過程中才有機會取得的寶貴資源。

3.迎來新的「居民」：

　　與鈔票相同，居民是遊戲中非常重要的資源，而能力值優秀的居民甚至比鈔票還要更加難得。玩家必須持續地進行遊戲，才有機會取得理想的居民人選。

4.「再一下下」效應：

　　你想要離開遊戲，但眼看著「遊戲中心」只要再過3分鐘即可完成備貨，「反正才3分鐘嘛。」你心想。3分鐘後，剛完成補貨，又看見「樂器行」只需2分鐘便完成備貨，「不如就再玩個2分鐘吧！」就是這個「再一下下」的效應，讓玩家們投注了無數微小而確實的時間在這座小小巨塔中而不自知。

讓玩家「心甘情願」付費

有別於多數社交遊戲提供給玩家琳琅滿目，許多不同階層的付費選項，在關乎營收獲利以及遊戲公司生死存亡的商業機制中，《Tiny Tower》非常罕見地僅提供了三個「遊戲內建付費」購買選項：

美金0.99元：可得到10張鈔票
美金4.99元：可得到100張鈔票
美金29.99元：可得到1000張鈔票

「美金0.99元」，針對的是「衝動購買型」的玩家。任何玩《Tiny Tower》超過30分鐘的玩家，應該都能同意要賺到10張鈔票並非難事——你只需要多一點的耐性和時間。但當我們的情緒壓過了理性，我們所想要的東西就差那臨門一腳時，對於沒有耐性和時間的玩家來說，這是提供給他們的最佳選項。

「美金4.99元」，針對的是「理性分析型」的玩家。只要稍微經過一點理性的分析與計算，立即就能得出這是最合理的付費選項的結論。雖然比第一個選項貴了5倍，但卻可以獲得10倍的報償之多，實在太划算了！除此之外，這個較昂貴的中間選項的存在，也得以讓在非理性情形下選擇花費「美金0.99元」的玩家，更加合理化自己量入為出的選擇。

「美金29.99元」，針對的是「深海鯨魚型」的玩家。「太離譜了吧！誰會願意花這麼多錢在這樣的一款遊戲上？」因為絕大部分的玩家，都不是所謂的鯨魚型玩家。不論在任何遊戲中，這種類型的玩家絕對是鳳毛麟角，就像是百萬海洋生物中，少數僅存的鯨魚一樣稀少

而珍貴。

然而，許多獲得巨大成功的社交遊戲公司，絕大部分的營收利潤，就是來自於這群大部分人認為「荒謬而不切實際」的鯨魚型玩家。

在遊戲一開始的教學過程中，《Tiny Tower》旋即教導玩家如何聰明地使用「鈔票」省去等待的時間，得到立即完成店鋪與備貨的好處；同時，遊戲也毫不吝惜地給予玩家充足的鈔票。雖然玩家在遊戲中的各項行動，是否能得到相對應的好處與報償，幾乎全仰賴玩家的運氣與機率：

> 66 但遊戲總是慷慨大方地給予玩家鈔票，相對的也讓玩家更願
> 意去做消費，而不是非常節省而謹慎地使用它。 99

首先教導玩家熟悉使用資源的優點，再養成玩家花費資源的習慣，接著才能讓玩家發自內心地付錢購買這些資源。《Tiny Tower》的獲利模式，並不如其他同類型遊戲般極具侵略性與干擾性。或許因為採用了這般溫和的商業獲利作法，使這款遊戲少賺了許多潛在的收益，但我相信它也因此贏得了更多玩家的心，以及對於遊戲開發商Nimble Bit的長遠信任感。

有時候，提供太多的選擇，反而讓人卻步不前，難以做出抉擇。

魔力時刻

每款受人喜愛的遊戲作品，必定有一或多個令玩家難以忘懷的「魔

力時刻」。許多年以後，可能我們早已忘記這款遊戲的種種內容與細節，但每一款遊戲獨特的魔力時刻，是那個會讓我們津津樂道、不厭其煩告訴其他人的一份特殊體驗。

對我而言，剛開始玩《Tiny Tower》所感受到的魔力時刻，是將居民們送到她們的夢想工作店鋪中的那一刻。「如果每個人都能從事自己夢想中的工作，將會是個多麼美好的世界啊！」而玩了一段時間以後，我認為最美好的魔力時刻，就是在這座小小巨塔中開設我的「夢想店鋪」。

66 你的遊戲作品，是否有用心設計屬於玩家的「魔力時刻」？ **99**

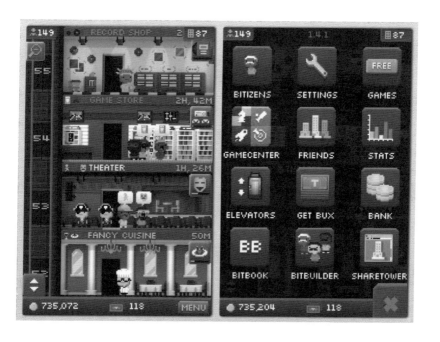

7-4 《勾玉忍者》：手指上的乾坤之戰

> 對於多數分類為「動作類型」的遊戲來說，遊戲設計者們必須面臨的首要艱鉅任務，就是在於如何設計出一場近乎完美的「戰鬥場面」。即使是我們常見的萬人線上遊戲，「戰鬥系統」的設計，同樣是遊戲開發過程中不可或缺的重要元素之一。

　　動作類遊戲，可以說是這波APP遊戲熱潮裡，最受矚目的遊戲類型之一。而「敵人設計」與「武器設計」對於動作類型遊戲來說非常重要性。良好的戰鬥設計，不只可以造就如《三國無雙》系列及《戰神》系列等遊戲名作，對於越來越重視動作表現與爽快打擊感的MMO遊戲以及行動平台遊戲來說，也是一門不可不學的必修科目。

　　這個章節裡，讓我們回到在第四關中討論過的「第3號專案」《忍者聯盟》。經過那次的重大挫敗，我們決定重啟第4號遊戲專案：《勾玉忍者》。就讓我從Zack與我共同開發的遊戲專案《勾玉忍者》出發，深入分析「敵人設計」與「武器設計」的設計思維，引領各位一同探究戰鬥系統的奧義之秘。

革新傳統操縱方式

　　在我與Zack經歷過第3號專案「忍者聯盟」的挫敗後，我們痛定思

痛並從這次失敗的教訓中檢討反省，重新啟動第4號專案《勾玉忍者》。《勾玉忍者》的目標，在於開發出一款任何人都可以輕易上手並快速獲得樂趣的「動作反應」類型遊戲，所以首先必須仔細思考的設計面向，便是關於操縱方式的各項取捨與考量。

在iOS平台上，已存在著為數眾多的「動作角色扮演」類型遊戲。此類型遊戲最常見的操縱方式，便是透過「虛擬搖桿」的方式，在螢幕畫面的下方角落處，置入一組「方向鍵」與「行動鍵」供玩家操控遊戲中的角色。

這樣的操縱模式，來自於傳統電視遊樂器主機的遊玩方式，只不過我們現在不再將遊戲螢幕與遊戲搖桿分離開來，而是結合在同一個地方及同一個裝置上。如此一來，便產生了幾項遊戲設計上的重大挑戰。

第一點，由於搖桿配置在畫面上，會使遊戲物件可使用的空間變小，在已經非常有限的iPhone螢幕上，遊戲元素可利用的空間會因而被壓縮減少許多。

第二點，對於動作類型遊戲來說，玩家通常需要不斷地移動及做出對應的行動，若將遊戲場景與搖桿配置結合在一起，難免會發生手指阻擋住螢幕畫面的情形，因而造成玩家輸入或回應上的失誤。

第三點，在實體遊戲搖桿上，當我們按下按鍵時，可以清楚感受到按鍵的反作用力，使我們認知是否真正按到了該按鍵。然而，在光滑平順的觸控螢幕上，當我們觸碰那些虛擬按鍵時，並不會產生任何回

饋作用力,缺乏了按下按鍵的實體回饋感,使我們很難察覺自己是否碰觸到正確的按鍵位置。

最後一點,拜iPhone及其他智慧型手機興起之賜,以前單純用來撥電話的「手機」,現在搖身一變成為一個多媒體生活娛樂平台,同時也為遊戲產業帶入了一群以前很少玩或從來不玩遊戲的「非玩家」族群。

對於從小玩遊戲長大的人來說,或許不難習慣使用「虛擬搖桿」;但是對於沒有經常在玩遊戲的人來說,「虛擬搖桿」通常是個令人望而生怯的操縱方式。

我們很難期盼七歲的幼童或六十幾歲的銀髮族,可以熟練操作一般常見的動作類型遊戲,但他們卻能輕鬆學會如何「用手指切水果」來玩《水果忍者》。諸如《水果忍者》、《無盡之劍》及《憤怒鳥》等知名遊戲,為何能夠擄獲眾多玩家的心房?因為它們皆採用非傳統的遊戲輸入操縱方式:「手勢輸入」(Gestura Linput)。

所謂的「手勢輸入」,是指以手指滑動、推拉或捏放等手勢以操縱遊戲的輸入方式。以「手勢輸入」方式在觸控螢幕上進行遊戲互動,是更為直覺且簡單的操縱方式,不分男女老幼,幾乎任何人都可以在很短的時間內學會順暢地操作遊戲。

66 理論上來說,真正好玩的遊戲應該可以跨越不同平台,放諸四海皆準。但在設計任何一款遊戲時,首要之務,我們仍應考量各平台最合適的操縱輸入模式,而不是把以前的傳統做法,冷冰冰地搬到嶄新的平台裝置上。 99

因此，《勾玉忍者》決定捨棄虛擬按鍵的操縱方式，採用更直覺易用的「手勢輸入」方式。

如何挑戰玩家？

《勾玉忍者》與第3號專案「忍者聯盟」的概念相似，以「防守」為遊戲中最主要的核心機制，玩家必須保護不斷向前奔跑衝刺的正義忍者角色，使其不受到敵人的攻擊與傷害。敵人則會從後面追上，使出他們最凌厲的攻勢和招式，試圖阻止玩家所扮演的忍者角色繼續前進，玩家需在畫面上滑動手指攻擊敵人，盡可能清除所有的追兵。

敵人設計，可說是《勾玉忍者》中最重要的核心之一。若敵人設計過於無趣，總是千篇一律的話，玩家很快就會失去對於遊戲的興趣；但若敵人設計太過強大，使玩家無法在合理的條件要求內與之匹敵的話，玩家便會感到挫折失望而同樣失去遊戲的興趣。

> 66 所以身為遊戲設計者，我就像是遊戲中的大魔王，必須設計出一組行為變化多端，帶給玩家充足挑戰的「反派組織」。 99

要打造各種不同類型的敵人，最基本的方法就是從他們的「基本屬性」下手。「基本屬性」就像是每個人的與生俱來的生理素質，有些人身高較高、有些人跑得比較快，而有些人比較強壯有力等等。因此，大致上可以列出以下幾項關於敵人的基本屬性：

體力、速度、攻擊力、防禦力。

　　體力越高者，需要更強或更多次的攻擊才能擊倒；速度越快者，移動越快，也需要玩家立即做出反應；攻擊力與防禦力，則定義了敵人可造成的傷害值，以及可承受的損傷值。有了這幾項基本屬性後，只要把幾項數值相互調整及搭配，就可以製造出許多高矮胖瘦各不相同的基礎敵人角色了。

　　然而，「基本屬性」的差異只是敵人設計的初步做法。若遊戲中所有敵人都只有屬性數值上的相異，那麼很快地，玩家就能掌握克敵致勝的方式：購買更強力的武器，取得更犀利的勾玉。

　　基本屬性設計的根本問題，在於它會導致玩家無須因不同敵人而採用不同的遊戲策略。試想玩家若在遊戲中，從頭到尾只需採用同一種策略——不論是何種策略——那麼他必定會很快地精通這款遊戲，然後感到無趣，最終離開遊戲不再回來。

　　幾乎所有遊戲，無可避免地將走至「無趣」的宿命，而遊戲設計者的使命，就是盡可能延長這段從「有趣」走向「無趣」的過程。

　　由此可知，遊戲設計的精妙要點，在於提供多樣且平衡的遊戲策略，驅使玩家為了持續獲得勝利，必須依照不同的情勢或在面對相異的對手時，迅速且動態地轉換自己採用的戰略與戰術。

　　這也是為何「易於上手，難於精通」，會被許多知名遊戲公司奉為最高指導原則之故。

避免遊戲策略單調化

如前所述，《勾玉忍者》的敵人，會從後面——螢幕畫面的左端——追上，然後試圖移動到玩家角色身後開始進行攻擊。但這個初始設計的問題，在於玩家只需要將他們的手指放在螢幕最左端，奮力且迅速地上下左右刷動，便可清除大部分的敵人威脅。

為了使玩家充分感受身為忍者「不出手得已，一出手即致命」的精準攻擊，並且比較謹慎地安排每次出手攻擊的時機，我們首先在遊戲機制中設置了一個「精氣量條」，用來代表玩家角色目前所擁有的體力氣量。每次玩家滑動手指展開攻擊時，都會消耗精氣值，一旦精氣值歸零，則無法再做任何攻擊；但只要玩家停止攻擊時，精氣值就會迅速地自動回復。

> 為了使玩家的手指不再固守於畫面的左端，而必須移動手指
> 在整個螢幕上來回遊走，所以我們必須在敵人的場域分佈上
> 做出更精細的設計。

首先，我們加入了一名特殊的敵人忍者，他的出場方式與其他角色不同，不是從畫面左端進入場景，而是從畫面中央的下方處，直接翻牆進入。這名以突襲方式進場的「翻牆忍者」，不僅可以讓玩家感到驚訝而措手不及，另一方面亦可使玩家的注意力回到遊戲畫面的中央。

接著，我們將敵人的攻擊距離做出明顯的區分：

「前鋒型」：使用近距離肉搏武器，如刀劍之類。必須移動到目標前，才會開始攻擊動作。

「中鋒型」：使用中距離投射武器，如飛鏢之類。約略在場景中央時，便會開始投射武器攻擊。

「後衛型」：使用長距離槍械武器，如火槍之類。在距離極遠之處，就可以發出砲彈攻擊目標。

有了攻擊距離的區分後，可以混合搭配前述的「基本屬性」，產生出各式各樣的敵人，例如：

攻擊距離短，威力極大的前鋒型角色。
攻擊距離中，速度快，威力一般的中鋒型角色。
攻擊距離遠，威力小但防禦力高，不易擊敗的後衛型角色。

一旦敵人設計具備不同的場域分佈與攻擊距離後，當遊戲場景中同時出現前鋒、中鋒與後衛三個類型的敵人時，玩家就必須判斷何者可能造成的威脅性最高，並優先處理該敵人，如此便可在遊戲的戰鬥過程中產生豐富多元的變化性。

引起戰鬥渴望的對手

著名動作遊戲系列《戰神》（God of War）的遊戲系統設計者 Mike Birkhead，在他的一篇著作中，透徹分析戰鬥系統對於一款如《戰神》般的動作冒險類型遊戲的重要性。雖然在許多遊戲類型中，

都有「戰鬥系統」的存在，但「動作冒險」遊戲特別需要強調的是戰鬥時的「爽快感」與「成就感」。

遊戲設計者不是為了刁難玩家去設計難纏的敵人角色，而是為了讓玩家「充分感受自己既聰明又高強」而去設計難度合宜的敵人與挑戰。在敵人設計中，他把敵人區分為四種不同功能面向的角色：

" 「擊破者」（Smashers）：通常是成群出現，比較弱小，且易於對付的敵人。玩家可輕而易舉地摧毀他們，因此這類敵人的作用，多半在於給予玩家最簡單且隨處可得的擊破滿足感。

「強調者」（Emphasizers）：用來獎勵玩家使用某些機制的敵人。在具備戰鬥要素的遊戲中，玩家的攻擊手段通常不會只有一種，而可能有短劍、大刀、巨鎚與弓箭等等不同武器。「強調者」在於使用特定武器對付特定敵人時，會有特別突出的加成效果。例如對付蟑螂應該用拖鞋，對付烏龜應該用鐵鎚，是一樣的道理。

「強制者」（Enforcers）：必須使用特定手段對付的敵人。有時候，遊戲中會有某些機制或武器，必須讓玩家完全熟悉才行，在這樣的情況下，最好的學習方式就是設計一名「強制者」，例如唯有使用魔法攻擊才有效用的敵人，玩家要通過這名敵人的考驗，必得學會如何善用魔法攻擊。「強制者」與「強調者」不同之處，在於「強調者」只有獎勵與加成的效果，而「強制者」則是限定玩家非使用不可。"

> 「挑戰者」（Challengers）：通常是頭目級角色或非常難纏
> 的敵人，用意在於考驗玩家的綜合操作技巧與角色能力。遭
> 遇這類敵人時，玩家得拿出手上所有的法寶，嘗試各種攻擊
> 方式的組合，並準確地拿捏攻擊時機，才能順利克服挑戰。

只要將這四種敵人的原型設計得當，便可打造出一個非常豐富多變且極具鮮明特質的「反派敵人組織」。

對於一些以「視覺導向」為出發點的遊戲開發者來說，一開始經常會非常注重敵人的「外貌」：這敵人應該長什麼模樣？要穿著什麼服裝？手上拿著什麼武器？呈現出來的視覺效果如何？但若要做出饒富趣味的敵人設計，遊戲設計者應以敵人在遊戲中產生的功能做為初始設計的出發點，而非以敵人的外觀來決定他所擁有的功能為何。

「敵人功能」會直接影響玩家的遊戲過程與戰鬥樂趣，遊戲設計者必須藉由戰鬥設計與敵人設計，產生遊戲互動機制的變化。

以後在開發動作類型的遊戲時，請多想想這些親愛的敵人們在遊戲中的作用究竟為何，別再做出千篇一律、換湯不換藥的無趣對手了！

精雕細琢的玩家體驗

除了「敵人設計」以外，與之具有同等重要性的就是「武器設計」了。在《勾玉忍者》中，我們捨棄設計五花八門不同武器的可能性，全力專注在設計出特質迥異的三種武器類型：太刀、大劍與長槍。

「太刀」（Katana）：威力低，速度快，精氣消耗少，無特殊能力。

　　「大劍」（Blade）：威力高，速度慢，精氣消耗多，攻擊時會將範圍內的所有敵人向後逼退一小段距離。

　　「長槍」（Spear）：威力中，速度中，精氣消耗多，攻擊時可貫穿範圍內的所有敵人。

　　原先我們認為這樣的武器系統，雖然簡單卻各有特色，應該是足夠平衡的武器設計。然而，在遊戲開發及實際測試的過程中，我們發現同時裝備「太刀」與「長槍」的組合，帶給玩家的優勢極為明顯。相較之下，「大劍」威力雖強大，但效果並不如其他兩者顯著。如此一來，玩家便沒有使用或購買「大劍」的理由。所以我們決定設計幾名「強制者」類型的敵人，藉以加強使用「大劍」的效用。

　　「劍客」是我們設計的第一位「強制者」敵人；他是一名劍術高強的浪人武士，若玩家使用一般的「太刀」或「長槍」武器攻擊，他會有一定的機率使出特殊的「格檔」技能完全防禦玩家的攻擊，使玩家平白浪費寶貴的精氣值。「大劍」正是用來突破劍客「格檔」技能的武器。唯有「大劍」的攻擊，劍客無法做出任何格檔抵禦的動作，因此使用「大劍」對付劍客是最簡單有效的手段。

　　當我們設計出具備「格檔」技能的劍客敵人後，「太刀」加上「長槍」的組合不再是天下無敵，面對這類具有「格檔」技能的敵人，玩家非得帶上一把好用的「大劍」才能順利地克敵致勝。經由「敵人功

能」的設計強化後，已為《勾玉忍者》的「武器設計」注入一劑強心針。

依照前述從敵人角色的「基本屬性」、「場域分佈」與「功能面向」三層面進行考量的設計原則，最終在《勾玉忍者》中，我們共製作出超過20種不同類型的敵人，各自擁有翻牆、隱身、自爆、替身、格檔、召喚、突襲、增殖與補血等10幾種特殊技能，大幅提升了遊戲戰鬥過程中的策略性與爽快感。

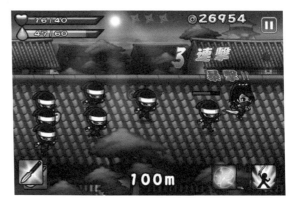

第八關 修煉道上的腳印

歌舞伎：「人生舞台並不見得總由成功故事堆積而成，惟有走過修羅場的每一步腳印，才能構築出最精采動人的演出。」

8-1 分享力量大

> 我從來就不是一個口才出眾的人；更準確地說，我甚至是個不喜歡開口講話的人。在一般社會大眾的說法裡，常稱呼這樣的人「沈默寡言」、「內向」，或是「宅」。要在這麼多觀眾面前公開演講，而且時間長達九十分鐘之久，是我一輩子從沒有做過的事情。但我想去做，我想要將我的經驗分享給學弟妹們：我想跨出自己的舒適圈。

記得在我剛離開公司，踏上遊戲APP創業之路時，在我經常閱覽的網路論壇上，偶然看到一位板友正在徵集遊戲產業的專業人士到學校進行演講。我告訴自己，我想爭取這個機會，將我在遊戲業界的六年經驗分享給所有對遊戲業感興趣的學生，於是我便寫了信向他做個簡短的自我介紹。

結果出乎意料之外，他竟然是我在清華大學資訊工程系的同系學弟！因為這個天大的巧合，使我順利成為演講邀請的不二人選。這是一場由學生系會舉辦的演講活動，並沒有盛大的活動宣傳，也沒有豐厚的演講費用。但我打從一開始就打定主意，即使沒有任何酬勞，我也願意去全心全力去準備，帶給他們一場精彩的演講。

在明亮到幾乎看不見台下聽眾的燈光底下，戰戰兢兢地站上了講台，我的身體止不住微微顫抖著，透過麥克風與音響傳出來的聲音，是如此虛幻而不真實。以「為什麼你不該進入遊戲業」破題，隨著投

影片一張張播放，我的緊張不安感也逐漸沈澱了下來。

因為我非常清楚，我有我的熱情想和他們分享，這不就是我站在這裡的目的嗎？

在超出原先預計時間的120分鐘後，我總算順利完成踏入社會以來的第一場演講。看著底下座無虛席的滿場盛況，我知道過去一個多月以來的辛苦準備，完全沒有白費。我跨出了第一步。

從「猴子靈藥」開始

時間回到2007年，冬季。

在工作崗位上，每日做著重複性極高、挑戰性極低的工作項目，深刻感覺自己的心臟彷彿隨時可以停止跳動，伴著寒冷刺骨的溫度，就這麼趴倒在電腦桌前不再起身。「一名工程師疑似工作時數過長，昏倒在電腦螢幕前……」我想明天的報紙大概會這麼寫吧？

在短暫的人生結束前，想要做點什麼有意義的事情哪！

想起從前還是學生的我，極度渴望學習遊戲程式的相關知識，在網路打上「遊戲程式」、「遊戲設計」或「遊戲開發」的關鍵字，得到的搜尋結果往往只有一些新聞報導、書籍介紹，或幾則斷簡殘篇的文章而已。相對於英文，甚至簡體中文來說，網路上能夠搜尋到的繁體中文資源實在是少之又少。有心想往遊戲業界發展的人，只能從非常有限的資訊中略窺門徑，卻不得其門而入。

這是我進入遊戲業界的第四個年頭，這些日子以來，有人走來、有人離去，凝視著來來去去的人們，走過來的人沒有講出口的那些這些經驗，就這樣默默地消逝在洪流之中。於是，一代新人換舊人，一切又再度從頭開始；重新撞壁、重新犯錯、重新學習、重新成長，然後才又終於懂了一些。

每天每週每月，日常工作中發生的許多事情，用無數日夜、無數加班換得的心得感想，若沒有在沈澱之後將其一一整理紀錄下來，時間久了也就這麼憑空流走了，什麼也不會留下。

> 或是不凡理想的第一步，也許是平淡生活的每一天，理性、熱血、經驗、抱怨、自我，不論是什麼，總有些值得留下的，何不從現在就開始動手做呢？
>
> 「猴子」，是靈巧與敏捷的象徵；「靈藥」，是每個人心中追尋的目標。
>
> 2008年1月，這個名稱叫做「猴子靈藥」的部落格誕生。

「猴子靈藥」裡，我的程式筆記、遊戲作品、閱讀心得等內容，不僅是分享也是學習，不止是給予也是接受，期望能為有需要的人帶來靈藥般的療癒效果，進而從中獲得實用知識與思想啟發。而對於選擇這條遊戲之路的我來說，也期許自己能像猴子般聰明靈巧、充滿樂趣，對事物永遠抱持滿滿的熱情與好奇心！

那年冬天，我的血液逐漸溫熱了起來。

小聚成大聚

在2010年以前，台灣遊戲業界的分享風氣並不盛行，甚至可說是十分封閉。雖然遊戲公司逐漸意識到吸取新知與尖端技術的重要性，也開始願意支付旅費派遣員工出國參加國際各大遊戲研討會，但對於各種遊戲開發相關的資訊新知，仍非常保守且極少交流。

在猴子靈藥剛開設不久後，我以個人觀點撰寫的一篇關於「研發自製遊戲引擎VS.購買現成遊戲引擎」的文章，激起許多不同立場讀者的爭論火花，才令我發現自己經營的這個小小部落格，原來是真的有人在看的呀！

我大約每個月發表2到3篇文章，但我知道光以這樣的速度與數量，仍不足以建立豐富充沛的繁體中文遊戲開發資源。所以我開始蒐集與遊戲開發相關內容的網站論壇及部落格，取得大大小小十來個網站列表後，將這些網站納入「訂閱聯播」系統中，只要他們一有新的文章發表，便可讓讀者們第一時間獲取資訊。

雖然只是很小的一步，我想或許可以是建立台灣遊戲開發者連結的第一步。

部落格開設二、三年後，某天「瑞克梅添涼」部落格的站長「阿涼」，突然問我有沒有興趣和幾位業界朋友一起出來吃頓飯。他的部落格撰寫的內容以網路遊戲的經營與相關新聞消息為主，是人氣很高的遊戲部落格，不過我從來沒想過和他或其他業界人士見面。就像是和在網路上認識的網友相約碰面一樣，我的心情既緊張又期待。

在第一次的飯局中，有幸認識幾位遊戲公司的業界先進，他們各來自於研發、營運、商務、測試與客服等不同的部門領域。我並沒有開口說太多話，但聽著他們彼此之間的交談話語，對我來說，簡直就像是鄉巴佬逛大觀園般眼界大開。我永遠不會忘記在這場聚會後，我就像個大孩子般四處訴說我的感動，眼神裡燃起了星火光芒。

經過好幾次幾乎忘了時間，總聊到餐廳打烊的歡樂聚會之後，在另一次為業界朋友慶生的生日茶會上，有人提出了一個瘋狂的想法：「既然大家每次碰面都有聊不完的話題，何不乾脆把場面搞大一點，每個月固定舉辦一次聚會呢？」

> 於是，在京蓓、欣美、仕中、樂平與創盛等幾位業界朋友的悉心籌畫後，我們在某間咖啡館舉辦了第一場公開的遊戲業小聚，並請到在遊戲廣告公司任職的Bunbert主講分享關於遊戲廣告的各種策略與成效。小小的咖啡館，被我們塞得爆滿，許多人甚至只能站著聽講。

首次舉辦公開的活動，便得到不錯的反應迴響，他們又進一步在Facebook上設立一個台灣遊戲業界社團板，名稱為「Taiwan Gamer's Club」，隨後正名為「Taiwan Game Connection」，簡稱「TGC」，並以審核制的方式，嚴謹過濾想加入社團及參與聚會的人。

藉由參與者的口碑相傳，每個月參加聚會的人數越來越多，甚至到達七、八十人之譜。每次聚會皆有一位主講人上台分享一項主題，在歷次分享中，包括遊戲行銷、專案管理、資料蒐集等許多不同專業領域的題目，廣度與深度兼具。

而我也有幸在許多業界前輩的面前，十分大膽地分享了「為什麼台灣做不出百萬銷量的APP」這個題目，獲得幾位資深前輩的嘉許與勉勵。

不求回報的分享

不知從何時開始，逐漸從一些熟識的朋友與不認識的朋友那裡聽到「你很有名耶」這樣的話。一開始我並不以為意，但後來經過朋友轉述，才知道我在「猴子靈藥」裡撰寫的文章，經常在各遊戲公司內被廣泛地流傳轉載，令我倍感訝異。

為什麼即使沒有人付我薪水，甚至必須犧牲玩遊戲、交朋友或做其他休閒活動的時間，我還是甘願花費很多的時間精力撰寫文章，經營「猴子靈藥」這個部落格？

從小我就是個沒有什麼藝術天分與其他才能的平凡人。既不會畫圖、彈鋼琴，也沒有任何運動細胞。唯一喜歡做的事情，大概勉強算得上是寫作了吧！即使我的寫字筆跡很差勁，我還是喜歡寫作；雖然有時候，不過是「為賦新辭強說愁」，我仍然不間斷地撰文寫字。

為了分享遊戲開發的心得感想，必須不斷吸收來自國外的遊戲開發知識，於是我開始每天大量地閱讀國外遊戲開發者所寫的文章，並從中挑選幾篇特別能引起共鳴的文章，逐字逐句地翻譯成中文。每篇文章的撰寫時間，至少需要八小時以上，最多甚至需花費十幾個小時。

翻譯的過程中，我不再只是將文章草草讀過即可，反之不僅需要重新咀嚼所有的文字段落，更必須分解原作者巧思妙筆之下的艱澀隱喻，從中深刻瞭解各種遊戲開發思維以及遊戲設計架構，再以自己的文筆將其轉譯為易讀易懂的字句段落。

對我而言，文章翻譯不僅止於分享新知，同時也是思維鍛鍊與寫作訓練的一種方式。

然而，我常見到許多自詡為「部落客」的人，為了爭取人氣、為了獲得留言，或為了讓人在Facebook上按下「讚」而撰寫文章。寫出了幾篇文章，若公開分享後得到的迴響不如預期，便很快地放棄文章寫作這件事，也荒廢了原有的部落格網站。

我從來不是為了「變得有名」而去寫文章、做演講以及開發遊戲。不要為了虛榮心而做，而是因為分享很快樂，因為寫作很愉悅，因為看到別人臉上的笑容會很開心，因為如此，才去寫你想要寫的東西，去做你想要做的事情。我相信唯有如此，才能夠寫作寫的長久不輟。

即使沒有任何讀者給予迴響，即使沒有任何觀眾給予肯定與讚美，也要堅持繼續寫作。在網路世界中，有許多「沈默讀者」，不論好或壞，就算他們花時間讀完整篇文章也不會出聲。但他們沒有發聲，並不表示他們不認可你的心得分享，所以請別因為沒有得到預期中的回應而放棄了寫作與分享的美意。

> **"** 別太過於計較「得到」與「付出」的天平是否平衡。很多時候，當我們沾沾自喜地以為佔到了一點便宜時，往往沒料到

失去的可能是更寶貴的事物與價值。即使多數人不會輕易吐露他們對我們的評價與看法，但我們的一言一行都會徹底刻印在他們的心裡。一個人的行為與心態，究竟是無私或自利，到底是全心付出還是需索無度，我們總會記得這些人的真面目。

"

如果你問我「想進入遊戲業」或「想製作獨立遊戲」該從何開始？我會毫不猶豫地說：「就從分享開始吧！」把你現在聽到讀到學到的一切知識與技術，毫無保留地分享出來。你說，如果「我什麼都不會怎麼辦？」那就拼了命的去聽去讀去學吧！

若不是因為「猴子靈藥」的存在，我不會結識許多在不同公司工作的業界好友，也不會認識樂風的伙伴們與Zack，更不會有機會讓這本書從我的白日夢中走進現實世界。

在人生的關鍵時刻裡，經常惟有當我們不計較得失也不在乎輸贏時，才能找到那個真正最快樂的自己。

我們不見得每次都會勝利，每次都能得到傑出的成績，或每次都能獲取豐厚的報償；但我們肯定能做到的事，就是每次都讓自己快樂忘我地沈浸其中。

未來某天，也許你會發現分享知識與幫助他人，遠比成就自己更為快樂。

8-2 關於跑步

> 「要處理真正不健康的東西，人必須盡量健康才行，這是
> 我的基本方針。也就是說不健全的靈魂，也需要健全的肉
> 體。」這是村上春樹在《關於跑步，我想說的是…》書
> 中，一段令我感觸非常深刻的句子。

　　在許多人的眼裡，「遊戲」絕對可稱得上是「不健康的東西」，更不用說「遊戲開發」甚至是比玩遊戲更不健康也不賺錢的東西。許多人認為，遊戲開發就像是寫作、畫圖或其他藝術創作活動一樣，創作者非得像個夜貓子般晝伏夜出，才能獲得繆思女神的恩賜，擁有取之不盡、用之不竭的創意靈感。

　　程式設計師們與美術設計師們常說，夜深人靜的時分，才是他們一整天中創作力與專注力最高的工作時刻。我想會導致這種結果的原因是，白天工作時我們身旁總有太多不必要的干擾，包括電話鈴聲、印表機聲響、即時通與E-Mail信件等等，總被一堆繁瑣零碎的事務所包圍著。隔離或移除工作時的各種干擾與令人分心之物，絕對是獨立遊戲開發者的首要之務。

　　然而，遊戲開發，並不屬於勝負一瞬間的短跑競賽，而是一場考驗耐力、毅力與執行力的長跑馬拉松。為了以不完整的靈魂，對付遊戲開發這般不健康的事物，我們必須擁有耐得住嚴峻考驗的強健體魄。

每個人都需要培養運動習慣，而對於每日在家工作的獨立遊戲開發者來說，運動更是日常生活中不可或缺的重要活動。想要過什麼樣的日常生活，選擇在自己的手中。

跑步與遊戲開發

我喜歡的運動是跑步。而且不只是一般的跑步，而是慢跑，有多慢跑多慢的那種慢跑。

以前也喜歡球類運動，但自從進入職場後，會不斷去從事的運動逐漸只剩下跑步而已。相較於打球、游泳或騎自行車，跑步可以算得上是裝備需求與場地需求最低的運動項目，只需要一雙合適的跑步鞋，便很容易地可以在學校操場、公園或道路上運動。

跑步的日子久了以後，我開始意識到原來「跑步」與「遊戲開發」，竟有令人訝異的高相似性與可參照性存在。

> 在一圈400公尺長的校園操場上，踩著緩慢平穩的步伐，一圈一圈地跑著，每一圈全是一樣的道路，一樣的景色，難道不會覺得無趣嗎？就像遊戲開發一樣，當我們起跑的時候，總是意氣風發、步伐豪邁，一旦專案最初的興奮感褪去之後，便開始深刻感受肌肉的痠楚與呼吸的顛簸。

而當我們費盡千辛萬苦，最後抵達終點時，即使全身早已汗如雨下，雙腿痠軟無力，那份完成目標滿足感卻是難以言喻地充實。跑步與遊戲開發一樣，最困難之處，往往在於我們怎麼跑過中途這些冗長

而無趣的漫漫長路。

遊戲開發，並不是一百公尺的短跑衝刺競賽，可以一開跑就使出全身上下所有的力氣，在十幾秒內決定比賽的勝負；遊戲開發，更不是一個從頭到尾充滿樂趣的過程，也沒有想像中的那麼酷炫。身為開發者，我們需得耐得住研發過程中的種種煩悶，更得耐得住做那些不起眼的工作時的無趣感受。

若眼前有兩個跑步的選項：
1.每週一次，每次跑10公里。
2.每週三次，每次跑3公里。

請毫不猶豫地選擇選項二。

跑步的優劣與否不在於速度，也不在於長度；跑步的目的不為參加馬拉松比賽，更不為勝過其他跑者。跑步真正的意義，在於挑戰昨天的自己。即使剛開始時，光跑個二、三公里路程便氣喘如牛，但只要持續不懈地練習，最終你會發現自己不知從何時開始，早已突破原有的體力上限值與精神力極限：恭喜，你的等級提升了！

不必快，不要停

對於喜歡從事競爭性運動的人來說，跑步實在是個既沒有什麼互動性，更沒有刺激性的平淡運動。最多是在跑步的途中，偶爾被某些不認識的跑者超越了過去，掂量著自己還有足夠的體力，於是便迎頭追

上。非得勝過別人不可？如果你抱持著這樣的想法，那麼跑步可能不是一項合適你的運動。

> 看著其他跑者超越了你，或者被你超越，會引發我們對於勝負競爭的好勝心。但那不是屬於你的賽道。你以為你在和他們競爭，但事實並非如此。

就像獨立遊戲開發者，不該試圖與傳統遊戲公司同場競賽。一旦踏入了他們的賽道，你注定只能被既有的遊戲規則宰制，難以勝過手中握有龐大資源的既得利益者。我們應該專注在自己的賽道上，與過去的自己競爭。

對於長時間待在冷氣房中，坐在舒適的辦公椅上整天面對電腦螢幕的工作者來說，討厭跑步是再合理不過的事情。因為「流汗」這件事實在令人不快，更何況是那種全身黏膩濕透的感覺。我們就像害怕陽光照射的「電腦人」一樣，日復一日，我們已經習慣了不流汗，全身上下的毛細孔早已養尊處優而堵塞不通。

「跑步到底要怎麼跑才對？」

其實很簡單，只要做好兩件事：呼吸不要斷，腳步不要停。

跑者需培養的兩大基本能力，我認為是「心肺功能」與「肌耐力」。「心肺功能」常稱為體力，是跑步的「內功」，有良好的體力，才得以負荷緩慢而綿密的身體律動；「肌耐力」是跑步的「外功」，有強健的肌肉，才能支撐起長遠的跑步路程。

忍術奧義
？？？？

剛開始跑步的人，往往不懂得調節呼吸的韻律與腳步的節奏，以為跑步就非得維持一定的速度以上才能算得上是運動，結果就是跑不了太長的時間，卻已將體力全部耗盡。對於剛開始接觸跑步的人來說，一開始要盡可能地「慢」，從跑步的過程中瞭解自己全身上下的肌肉如何連結律動，並找出最適合自己的呼吸節奏。正如同在瞭解團隊成員的長處與弱點前，就急著推出專案計畫與遊戲作品一樣，往往只能招致慘澹的下場。

我們需要先知道如何「慢」，才能「快」的起來。

在遊戲開發領域中，「產品研發力」是內功心法，而「市場行銷力」則是外功招式，遊戲開發需兼具兩者且不可偏廢，平衡一致地內外發展，才能達到最理想的遊戲成績。

一千個放棄的理由

跑步的過程中，最痛苦的永遠是最後的10%路程。當我們心裡估算著只剩下10%的路程，一定可以輕鬆完成時，卻往往忽略了自己的體力與肌肉的狀態，與前10%路程的狀況全然不同。行百里半九十，不論你的目標是10公里、42公里或100公里：

最後的10%路程，往往等同於「另外一半的路程」。

跑步練習時，切忌跑跑停停。遊戲專案一旦啟動後，我們不能說放棄就放棄，也很難中途休息暫停。與跑步相同，我們首先應當設定合理的專案目標，並一鼓作氣地執行到底，絕不輕言放棄。跑步與遊戲

開發，同樣是一個不斷流動的動態程序，在這個有許多微小事物不斷改變的過程中，我們需要培養即時應對與調整的能力，仔細感受身體的每次律動與專案的每個起伏，若發現了不尋常的疼痛點，便得以及早應對及解決。

當你持續跑了一個鐘頭以上，逐漸感覺呼吸不再自然順暢，腳踝上像掛了兩顆鉛球，體力隨時就要消耗殆盡而崩潰倒地時，你可能也會和我一樣開始自問：「天殺的我到底為什麼要跑步？」

「今天的天氣不好，可能會下雨。」
「總覺得身體哪裡不太舒服。」
「有其他的工作項目要忙。」
「再讓我多睡一會兒就好。」
「肌肉的狀況還沒有百分百恢復。」
「和女朋友吵架，心情不好。」

> 有些人認為開始跑步之前，一定需要先有一雙漂亮的慢跑鞋、一套名牌的慢跑服、一台可邊跑邊聽音樂的手機，以及一個不會太熱不會太冷的天氣，才能真正開始動身跑步。然而，如果你總是在等待一個100%的時機，那麼你很有可能永遠踏不出第一步：因為世界上沒有所謂的「百分百完美時機」。

你永遠都可以找出一千個放棄的理由或藉口。堅持到底的理由很少，放棄的理由太多。跑步亦然，創業亦然，做遊戲亦然如此。任何人，包括我在內，都可以給你上百個「不該去做的理由」，但那個可能是唯一的「我要做的理由」，只有你自己能給自己。

跑步之後，腳掌因發熱而腫脹，腿腹因持續施力而僵硬，但腦袋卻可因運動後釋放出來的「腦內啡」而倍感清晰透徹。所以當你的情緒低落，缺乏創作靈感，或陷入遊戲開發的各種難纏問題時，更應該先放下手邊一切事情，去跑個步就對了。

剛開始在建立跑步習慣時，最痛苦的事莫過於跑步後的幾天之內，雙腳所確實承受的痠痛感與疲憊感。由這份紮紮實實的肉體痛楚，可以使我們深切體會自己的身軀有多麼虛弱渺小而微不足道，並提醒我們身為人類必須「為動而活」。

培養起週期性的跑步習慣後，一旦忙於其他事務而荒廢了這項運動，過了一段時間後再重新拾起跑鞋踏上跑道時，很快就能切身體會自己的心肺能力與肌耐力的衰退程度。它們彷彿惡作劇般地訴說著：「這麼久沒和我們好好相處，非得給你點苦頭吃吃，以後請別再冷落我們囉！」

跑步，不僅是一項可以強健體魄的運動，更是磨練自我意志力的良方妙藥。我們不會因為年紀太大而無法跑步，而是會因為不跑步運動而逐漸衰退變老。同理可證，只要現在的我們，每天學習製作遊戲的知識與技能，並投注大量心力於遊戲開發的實做面，相信未來的自己，必定會非常感激現在那個每天累積並持續成長的自己。

你有多久沒有與自己的身體對話了呢？一起來跑步吧！

附註：不是所有人都適合進行跑步這項運動。在開始跑步前，請務必謹慎衡量自己的身體狀況，或諮詢專業醫師的建議。

8-3 半路上！

> 從我在前公司立下決心開發遊戲APP的日子開始算起，直至
> 我寫下這篇文章的這一刻為止，驀然回首，竟已走過一千多
> 個日子。

這個夏天，一本書，一款遊戲續作，一款遊戲新作，像是命運之神的完美惡作劇似地，全爭著想在蟬鳴聲止前破繭而出。每日每夜，懷抱著不知何時能完成這三項任務的焦慮心情，手上拿著鐵鎚，站在火爐邊一次次奮力敲打，試圖將靈魂鑄入其中。

剛離開公司時，我給自己一年的時間，獨自一人登上海賊船，無所畏懼地出海冒險。就這麼一年的賭注，無論成果如何，一定要認真且無悔地走過這趟旅途。然而，計畫總趕不及變化，直至我踏上獨立開發之路的第14個月，《邦妮的早午餐》才剛剛誕生而已。

另一方面，最初的伙伴Zack，與我一起嚐過了無疾而終的《當個製作人吧！》苦頭，但我們並沒有很快地找到遊戲設計的正確答案，不幸於第3號專案《忍者聯盟》中再度陷入僵局。此時已經過超出一年之久的開發期，《忍者聯盟》仍身處迷霧中，找不到正確的方向；而《邦妮的早午餐》的成績表現，也未達我們原先的期望。

「算了吧，已嘗試過便足夠了，回去吧。」
「就這樣結束，你甘心嗎？」我自問著。

> 我的心裡很清楚，若想追尋遊戲開發的理想境界，必得親身
> 越過挫折的藩籬與失敗的幽谷。現在認輸還太早：無論日子
> 過得再辛苦也無所謂，我必須製作出更多的遊戲作品才行。

如今，樂風與我共同開發的《邦妮的早午餐2》已接近完成狀態，將於近期上市；而從《忍者聯盟》專案中浴火重生的「第4號專案」《勾玉忍者》，歷經漫長的兩年開發期，也終於踏上了最後的一哩路。

「一個小小的遊戲APP，花上整整兩年的時間開發，值得嗎？」

在別人眼裡近乎瘋狂失智的行為，我的心裡卻非常清楚，這是必經的試煉之道。雖然在離開公司前，我已具備充足的程式設計技術，而我的伙伴也是相當具有專業能力的美術設計師，但我真正是從成為獨立遊戲開發者後，才開始用心學習如何與合作伙伴溝通、激盪與碰撞，並且從幾次挫敗的經驗中，逐漸體悟出成長的真意。

在公司上班時，我們可以工作歸工作，私人生活歸私人生活；你在工作場合中結識的同事，未必能成為你推心置腹的好友。然而，在創業路上，與伙伴之間的關係不能只侷限於工作領域上，而是必須更全面性地深入認識交往。因為我們是身在同一艘海賊船上的伙伴，我們需得瞭解彼此的優點、短處、脾氣，以及鮮為人知的怪癖。

這一路上，我曾犯下許多無心之過，做出好幾次錯誤的決策，也有怠惰放縱或舉足不前的時候。我們時常會看著成功者的故事，夢想自己某天也能登上那座名為「成功」的高山，但望著遠處的高峰目標，

千萬不可忘記「成功之路始於足下」，莫想做出一步登天之舉。再險峻陡峭的山峰，只要一步步持續向前行，我相信終有抵達目標的一天。

耐心，是我在這一千多個日子中所學到最寶貴的經驗。

即便心裡非常渴望得到成功與肯定，但我們無法省略腳下的每一塊石階；即使心裡急欲早日推出遊戲，但若未經歷過一次又一次的設計、實做、檢驗，甚至整個推翻重來的程序，我們不會有機會做出發自內心的優秀遊戲作品。只有才能與技術並不足夠，欲成大事者，必須能夠耐得住煩、耐得住磨且耐得住愁。

獨立開發者們，若你試圖去做那些大公司已經在做或正在動手做的事情，照著他們的遊戲規則來玩，你的道路將會越走越窄，最後通常只能得到「Game Over」的結局。遊戲結束，重新回到公司上班工作。「成功」從來不是只有一種定義。每個人只活一次，不要為了別人定義的成功而活，勇敢尋找自己對於成功的定義，化白日夢想為實際行動，揚帆啟航冒險去吧！

許多朋友問：「為何你的暱稱叫做『半路』？」

我的本名難記，一般人看過後很快就會忘記，而「半路」不僅是個易於記憶的別名，更十分吻合我的人生態度。關於人生，我們無法決定自己生命的起點，何時誕生、生在何處或者身處什麼樣的家庭之中；向前推移，我們甚至無法決定自己生命的終點，不僅擔心年老時身旁沒有人陪伴，更害怕病痛的折磨以及面對死亡時的恐懼。

> " 既然起點非我所選，終點人人皆同，那麼我們身為人類的意
> 義，便存在於過程：這趟旅程的「半路上」。我始終相信，
> 自己一直都在「半路上」，無論是人生、青春、創業或遊戲
> 開發，皆然如此。 "

倘若哪天，你在人生的半路上遇見了我，請收起恭維與客套的話語，只需上前打聲招呼：「半路好！」那麼我便會知曉，我們同是這條漫漫長路上的旅行同伴。

我的故事，到這裡告一段落，而你的冒險旅程才正要熱烈展開——

請給你的人生，一次叛逃的機會吧！

 致謝

首先，我要感謝本書的編輯黃鐘毅，沒有他的提議及邀請，我不會在一年前開始動筆寫這本書；沒有與他的討論與激盪，我無法寫出廣度與深度兼具的內容；沒有他的認真投入，不會有如此活潑又美觀的書籍版面。

感謝一路上熱心幫助我的朋友們：徐人強、蔡承澔、黃聿志、曾樂平、陳欣美、劉淑慧、施創盛、謝京蓓、袁仕中、徐德航、徐志瀟、林育樂、林育任、劉柏志、林容生、林坤華、范明軒、羅慧如、鄭緯筌、林彥廷、秦旭章、陳虹伯、李家屹、王士銘、蕭上農、曹之昊，以及張懸。

感謝「樂風創意視覺」的伙伴陳厚璋、陳厚逸、溫韻華，以及「搖滾背包工作室」的李逸群和「沒規矩工作室」的王逸群。沒有你們，我不會有機會經歷這場精彩豐富的邦妮歷險記。

感謝唐學豪，若不是你一肩扛起所有的美術設計工作，承擔家庭中的壓力與經濟上的困頓，依舊不離不棄地與我一起做遊戲，我無法學到許多用錢也買不到的經驗與智慧。若不是你破釜沈舟的狂熱決心，即使不斷遭遇挫敗也堅持要做出優秀遊戲的理念，我們永遠無法見到《勾玉忍者》誕生的曙光。

感謝我的二舅舅、二舅媽、阿姨與姨丈，如果不是你們，在我的家庭最艱難困苦的時候幫助我們，我無法平順安穩地完成大學學業，更不會有現在的我。

感謝我的妹妹鄭斐齡小姐。在我沒有找到合適的美術伙伴前，願意在工作之餘付出許多時間，幫我製作多款遊戲的美術素材與個人名片，並不計報酬地為我設計本書的封面。

感謝我的母親陳淑禎女士。憑著一己之力，以及二十年裡縫紉出上萬件衣服的雙手，把我和妹妹撫養長大。在房屋貸款尚未償清前，仍同意我離開公司踏上獨立創業之路。為了不造成我們額外的負擔，一直非常用心維持身體健康。總是說著自己的生活簡單，錢夠用就好，非但不要我給予生活費，反而會擔心我的生活狀況，老愛把錢硬塞進我的口袋。

感謝我的老婆林鈺婷小姐。知道我沒有穩定的收入來源，每次吃飯、旅行或購物時，總是想搶在我之前付帳，為我分擔經濟上的壓力。即使妳不是喜歡玩遊戲的人，也不瞭解遊戲開發領域，但妳從來沒有埋怨過我選擇的工作與志業，以及越來越少的存款數字。如果不是妳的耐心陪伴與分憂解愁，我想我早已無法持續堅持走在這條路上。

親愛的，謝謝你們。

【BizPro】2AB522

半路叛逃：App遊戲製作人的1000日告白

作　　者／鄭暐橋（半路）
責任編輯／黃鐘毅
特約美編／Mika
封面設計／鄭斐齡（Feeling）

總 編 輯／黃錫鉉
發 行 人／何飛鵬
出　　版／電腦人文化
發　　行／城邦文化事業股份有限公司
　　　　　歡迎光臨城邦讀書花園
　　　　　網址：www.cite.com.tw
香港發行所／城邦（香港）出版集團有限公司
　　　　　香港灣仔駱克道193號東超商業中心1樓
　　　　　電話：(852) 25086231
　　　　　傳真：(852) 25789337
　　　　　E-mail：hkcite@biznetvigator.com
馬新發行所／城邦（馬新）出版集團
　　　　　11, Jalan 30D/146, Desa Tasik,
　　　　　Sungai Besi, 57000 Kuala Lumpur, Malaysia.
　　　　　電話：(603) 90563833
　　　　　傳真：(603) 90562833

印　　刷／凱林彩印事業股份有限公司
2012年(民101) 9月 初版一刷　　　　Printed in Taiwan.
定價／280元

國家圖書館出版品預行編目資料

半路叛逃：App遊戲製作人的1000日告白 / 鄭暐橋著.
--初版--臺北市；電腦人文化出版
；城邦文化發行，民101.09
　面；　公分

ISBN 978-986-199-364-5（平裝）

1.創業 2.電腦遊戲
494.1　　　　　　　　　　　101016674

●如何與我們聯絡：

1.若您需要劃撥購書，請利用以下郵撥帳號：
　郵撥帳號：19863813　戶名：書虫股份有限公司

2.若書籍外觀有破損、缺頁、裝釘錯誤等不完整現象，
　想要換書、退書，或您有大量購書的需求服務，都請
　與客服中心聯繫。

　客戶服務中心
　地址：10483 台北市中山區民生東路二段141號B1
　服務電話：(02) 2500-7718、(02) 2500-7719
　服務時間：週一 ～ 週五上午 9：30～12：00，
　　　　　　　　　　　　　　　下午13：30～17：00
　24小時傳真專線：(02) 2500-1990～3
　E-mail：service@readingclub.com.tw

3.若對本書的教學內容有不明白之處，或有任何改進建
　議，可利用書後的讀者回函，或將您的問題描述清
　楚，以E-mail寄至以下信箱：
　pcuser@pcuser.com.tw

4.若需要查看新書資訊，請上PCuSER電腦人網站：
　http://www.pcuser.com.tw

5.其他電腦問題歡迎至「電腦QA網」與大家共同討論：
　http://qa.pcuser.com.tw

6.PCuSER專屬部落格，每天更新精彩教學資訊：
　http://pcuser.pixnet.net

7.歡迎加入我們的Facebook粉絲團：
　http://www.facebook.com/pcuserfans（密技爆料團）
　http://www.facebook.com/i.like.mei（正妹愛攝影）

※詢問書籍問題前，請註明您所購買的書名及書號，以
　及在哪一頁有問題，以便我們能加快處理速度為您服
　務。

※我們的回答範圍，恕僅限書籍本身問題及內容撰寫不
　清楚的地方，關於軟體、硬體本身的問題及衍生的操
　作狀況，請向原廠商洽詢處理。